Institut für ausländisches öffentliches Recht
und Völkerrecht

# Beiträge
zum
# ausländischen öffentlichen Recht und Völkerrecht

Herausgegeben in Gemeinschaft mit
Friedrich Glum, Ludwig Kaas, Rudolf Smend, Heinrich Triepe
von
Viktor Bruns

Heft 8

Berlin und Leipzig 1928
Walter de Gruyter & Co.
vormals G. J. Göschen'sche Verlagshandlung — J. Guttentag, Verlagsbuchhandlung
Georg Reimer — Karl J. Trübner — Veit & Comp.

# Die völkerrechtliche Stellung der fremden Truppen im Saargebiet

Von

**Dr. jur. J. M. Bumiller**
Referent am Institut für ausländisches öffentliches Recht und Völkerrecht Berlin

Berlin und Leipzig 1928

**Walter de Gruyter & Co.**

vormals G. J. Göschen'sche Verlagsbuchhandlung — J. Guttentag, Verlagsbuchhandlung
Georg Reimer — Karl J. Trübner — Veit & Comp.

# Vorwort.

Die Anwesenheit französischer Truppen im Saargebiet, die zu vielen mehr oder minder heftigen politischen Erörterungen Anlaß gab, bildete sieben Jahre hindurch den Gegenstand diplomatischer Auseinandersetzungen zwischen dem Deutschen Reich, dem Völkerbund und der Regierungskommission des Saargebiets. Neben der grundsätzlichen Bedeutung des Problems für die Auslegung des Saarstatuts und den praktischen Auswirkungen für die Bewohner des Saargebiets verdient der Streit auch deshalb besondere Beachtung, weil die Verwaltung des Saargebiets durch den Völkerbundrat ein erstmaliges Experiment darstellt, dessen Bewährung oder Nichtbewährung für die Weiterentwicklung dieser Form völkerbundlicher Tätigkeit von bestimmendem Einfluß werden kann. Der jahrelange Kampf endete vor dem Völkerbundrat mit einem Kompromiß, das viele aufgeworfene Rechtsfragen ungelöst, dafür aber eine Reihe weiterer Probleme und Streitfragen auftauchen läßt.

Eine umfassende Darstellung hat bisher gefehlt. Bei der vorliegenden Arbeit konnte auf die Klärung grundsätzlicher Auslegungsfragen zum Recht des Saargebiets nicht verzichtet werden. Besonders waren auch das in der Völkerrechtswissenschaft bisher noch wenig beachtete Wesen der nichtkriegerischen Besetzung und die Gerichtsbarkeit der Truppen auf fremdem Staatsgebiet zu erörtern.

Auch der auf Grund des Genfer Kompromisses eingeführte „Bahnschutz" und die sich hieraus ergebenden Fragen bedurften einer eingehenden Behandlung. Das Bild wäre genetisch unvollständig gewesen, wenn nicht die Verhältnisse während der Waffenstillstandszeit kurz skizziert worden wären, soweit sie für die spätere Entwicklung des Gesamtproblems bedeutsam wurden.

Trier, den 9. März 1928.

**Der Verfasser.**

# Inhaltsverzeichnis.

III. Teil.

Alliierte Truppen als Bahnschutztruppen im Saargebiet.



## Abkürzungen.

Amtsblatt — Amtsblatt der Regierungskommission des Saargebiets

J. O. — Société des Nations Joural officiel

Saarstatut — Anlage zu den §§ 45 bis 50 Teil III Abschnitt 4 des Versailler Vertrags (Reichsgesetzblatt 1919 Seite 775 ff)

VV — Friedensvertrag von Versailles zwischen Deutschland und den alliierten und assoziierten Mächten

Weißbuch — Weißbuch über das Saargebiet, herausgegeben vom Auswärtigen Amt, Berlin 1921. — Im Buchhandel unter dem Titel: Das Saargebiet unter der Herrschaft des Waffenstillstandsabkommens und des Vertrags von Versailles, Berlin 1921

Andres — Andres, Grundlagen des Rechts im Saargebiet, Heft 13 der Völkerrechtsfragen, herausgegeben von Heinrich Pohl und Max Wenzel, Berlin 1926

v. Bülow — v. Bülow, Der Versailler Völkerbund. Eine vorläufige Bilanz, Stuttgart 1923

Coursier — Coursier, Le statut international de territoire de la Sarre, Paris 1925

Fauchille — Fauchille, Traité de droit international public Paris 1921 ff.

Wehberg — Wehberg, Saargebiet. Die staats- und völkerrechtliche Stellung des Saargebietes. Staatsbürger-Bibliothek. Heft 116, M.-Gladbach 1924

I. Teil.

# Die französischen Truppen als Besatzungstruppen im Saargebiet 1918—1920.

## 1. Die allgemeine Rechtslage der besetzten rheinischen Gebiete auf Grund des Waffenstillstandsabkommens.

Als sich das Deutsche Reich nach schwerem vierjährigen Ringen bereit erklärt hatte, auf Grundlage der Wilsonschen Bedingungen in Friedensverhandlungen einzutreten, mußte es in dem Waffenstillstandsabkommen vom 11. November 1918 in die Besetzung des linken Rheinufers durch die Truppen der im Weltkrieg alliierten Mächte und der Vereinigten Staaten von Nordamerika einwilligen. Durch diese Maßnahme, zu der noch eine umfangreiche Ablieferung von Kriegsgerät aller Art hinzukam, sollte ihm eine Wiederaufnahme der Feindseligkeiten unmöglich gemacht oder doch äußerst erschwert werden. Die Besetzung des linken Rheinufers, die im November und Dezember 1918 durchgeführt wurde, ließ die deutsche Souveränität unberührt, doch engten mehrere Bestimmungen des Waffenstillstandsabkommens die deutsche Staatsgewalt im okkupierten Gebiet wesentlich ein [1]. So übernahmen, dem Punkt V Abs. 2 des Waffenstillstandsabkommens entsprechend, die Okkupationstruppen die Kontrolle über die örtlichen Verwaltungen, die zwar unter erschwerten Umständen, aber doch nach den Anweisungen der obersten Reichs- und Länderbehörden weiter arbeiteten. Andere Einschränkungen der Staatsgewalt ergaben sich zwangsläufig

[1] Vgl. dazu Strupp: „Das Waffenstillstandsabkommen zwischen Deutschland und der Entente vom 11. November 1918 im Lichte des Völkerrechts" in Zeitschrift für Völkerrecht XI. Band 1920, S. 252 ff. — Artikel „Waffenstillstandsbesetzung" von Heyland im Wörterbuch des Völkerrechts und der Diplomatie III. Bd., S. 315 ff. — Marcel Nast: Occupation militaire. L'occupation des territoires rhénans par les troupes des Alliés et des Etats-Unis pendant l'armistice in Revue générale de droit international public. Tome XXVIII 1921, S. 139 ff. Der Text des Waffenstillstandsabkommens ist im deutschen Graubuch der Waffenstillstandskommission veröffentlicht, auch bei Kraus und Rödiger, Urkunden zum Friedensvertrage, Berlin 1920 I. Teil, S. 11 abgedruckt.

aus der Tatsache der Besetzung des Staatsgebietes durch fremde Truppen, bedurften somit keiner ausdrücklichen Erwähnung im Waffenstillstandsvertrag. Zu diesen gehört das jedem Okkupanten eingeräumte Recht, im Interesse der Sicherheit der Besatzungstruppen Rechtsnormen zu erlassen oder bestehende zeitweilig außer Kraft zu setzen; ferner trat die deutsche Gerichtshoheit gegenüber der Militärgerichtsbarkeit der Besatzungstruppen im gewissen Umfange zurück.

Die alliierten Okkupationsmächte machten von ihrer Aufsichtsbefugnis und den ihnen sonst zustehenden Rechten in einer Weise Gebrauch, die zu vielen, allerdings erfolglosen Beschwerden und Protesten der Reichsregierung führte [1]). Bei der Beurteilung der einzelnen Streitfragen zwischen dem Reich und den alliierten Mächten darf man nicht übersehen, daß schon über die Rechtsnatur des Waffenstillstandsabkommens vom 11. November 1918 die Auffassungen der Vertragsparteien grundsätzlich auseinander gingen. Die Alliierten interpretierten das Abkommen als einseitigen Vertrag, in welchem Deutschland eine Reihe von Verpflichtungen übernommen habe, wogegen die Alliierten lediglich die Feindseligkeiten einzustellen hätten, eine Ansicht, die in keiner Weise durch den Text des Abkommens gerechtfertigt werden konnte [2]). Dazu kamen noch die Schwierigkeiten, die sich einer einwandfreien Auslegung und Lückenergänzung entgegenstellten.

Denn das Wesen der Waffenstillstandsbesetzung an sich ist rechtlich noch in vielen Teilen ungeklärt, wie es auch an einer sicheren Staatenpraxis fehlt. Im Falle der Besetzung fremden Staatsgebiets unterscheidet man bekanntlich zwei Arten, die occupatio bellica (kriegerische Besetzung) und die bisher noch wenig beachtete occupatio pacifica (friedliche oder besser nichtkriegerische Besetzung), die wiederum in zwei große Gruppen zerfällt, der „vertraglichen Besetzung“ und der „Besetzung wider Willen der betroffenen Macht“ [3]), oder, um mit Robin zu reden,

[1]) Vgl. Graubuch Drucksache 1—18 sowie die „Mitteilungen der Waffenstillstandskommission“. Herausgegeben vom Pressereferat. Berlin 1919. Sie enthalten das Material nur sehr unvollständig und wenig übersichtlich. Eine gute Zusammenstellung findet sich im Deutschen Geschichtskalender, herausgegeben von F. Purlitz, Ergänzungsband „Vom Waffenstillstand zum Frieden von Versailles“, Leipzig o. A.

[2]) Graubuch Drucksache 7 S. 3. Der französische Delegierte Mercier erklärte, daß Foch überhaupt keine Diskussion über die Rechtsfrage zulasse.

[3]) In der deutschen Literatur ist die occupatia pacifica in der Vorkriegszeit kaum beachtet worden. Bluntschli, Das moderne Völkerrecht, Nördlingen 1872, erwähnt nur die Besetzung zu Sicherungszwecken, die er,

der die occupatio pacifica bisher am eingehendsten erforscht hat [1]), die „occupation conventionelle" und die „occupation de coercition ou de police." Die Frage, ob die Waffenstillstandsbesetzung zur occupatio bellica oder pacifica zu rechnen ist oder einen in die genannten zwei Arten nicht einbeziehbaren Sondertyp darstellt, gewinnt hier praktische Bedeutung. Vergegenwärtigt man sich, daß durch den Abschluß eines Waffenstillstandsvertrages der Kriegszustand nicht beseitigt wird, und daß gerade das Fehlen des Kriegszustandes das einzige Kriterium ist, das allen unter sich so verschiedenartigen Formen der occupatio pacifica gemeinsam ist, dann erhellt, daß die Waffenstillstandsbesetzung nicht zur occupatio pacifica gerechnet werden kann. Andererseits erfolgt die Besetzung nicht im Verlauf erfolgreicher kriegerischer Operationen, sondern auf Grund einer Vereinbarung, erfüllt folglich auch nicht alle Voraussetzungen, die für die occupatio bellica wesentlich sind. Strupp, dem auch Heyland folgt, nennt daher die Waffenstillstandsbesetzung eine „Mischbesetzung", Nast eine „Occupation de guerre à base conventionelle" [2]).

Allgemein wird nun zugegeben, daß bei der Interpretierung des Waffenstillstandsvertrages in erster Linie dessen Text selbst maßgebend ist, und daß fernerhin dem Okkupanten grundsätzlich nicht

---

der damaligen Auffassung vom Staatsgebiet und Gebietshoheit folgend, als öffentlich-rechtliche Verpfändung der Gebietshoheit auffaßt. S. 243, § 428. Holtzendorff, nennt in seinem Handbuch des Völkerrechts II, S. 248 die Durchzugsgerechtsame und die Besatzungsgerechtsame auf fremdem Staatsgebiet, Stoerk an gleicher Stelle, S. 664 die Gerichtsbarkeit von Truppen auf fremdem Staatsgebiet zu Friedenszeiten, und von Kirchenheim bringt im selben Werk Bd. IV, S. 810 die Besetzung zwecks Sicherung der Kriegsentschädigungszahlung; eine Würdigung des Wesens der nicht kriegerischen Besetzung findet sich aber nicht. Von Liszt, Völkerrecht 1907, S. 184, begnügt sich mit einer kurzen Bemerkung, in der Ausgabe 1918 ist die friedliche Besetzung zur Sicherheit für Vertragserfüllung S. 170 und als Intervention S. 274 angedeutet. Kohler, Grundlagen des Völkerrechts, Stuttgart 1918, erkennt in der Sicherungsbesetzung bereits ihr Wesen als Beugemittel. Daneben die Schrift von Schönborn, Die Besetzung von Veracruz 1914. Nach dem Kriege trat infolge der Rheinlandbesetzung und der Sanktionsbesetzungen die Frage mehr in den Vordergrund. Auffallend ist, daß auch die angelsächsische Literatur der Vorkriegszeit zum Problem der nichtkriegerischen Besetzung nur bei Behandlung des Repressalienrechtes und der Kriegsgerichtsbarkeit auf fremdem Staatsgebiet einige kurze Bemerkungen bringt.

[1]) Robin, Des occupations militaires en dehors des occupations de guerre, Paris 1913. Vgl. auch Heyland, Rechtsstellung im besetzten Rheinlande, S. 13.

[2]) Strupp a. a. O., S. 266, Heyland, Artikel Waffenstillstandsbesetzung, S. 316, Nast a. a. O., S. 140.

mehr Rechte als bei einer kriegerischen Besetzung zustehen können, sofern nicht Abweichendes ausdrücklich vereinbart ist. Streitig ist aber, ob Zweifelsfragen in erster Linie aus der gesamten Rechtslage unter Berücksichtigung des Sicherungszweckes der Besetzung und ihres Wesens als Zwischenform zwischen der kriegerischen und der nichtkriegerischen Besetzung zu entscheiden sind [1]), oder ob neben den ausdrücklichen Vereinbarungen im Waffenstillstandsabkommen lediglich die Vorschriften des III. Abschnittes der Haager Landkriegs-Ordnung Geltung haben, Lückenergänzung also aus dem Sinn und Wesen der occupatio bellica heraus zu erfolgen hat. Diese letzte Auffassung wird aber dem Inhalt des Waffenstillstandsabkommens vom 11. November 1918 nicht gerecht. Es darf bei der Interpretierung gerade dieses in der Geschichte des Völkerrechts einzig dastehenden Waffenstillstandsvertrages nicht übersehen werden, daß der eine Vertragspartner im Vertrauen auf die Zusicherungen der Gegner sich selbst so entwaffnet hatte, daß ein ernstlicher Widerstand seinerseits ausgeschlossen war. So blieb für die Anwendung der meisten auf der gegenteiligen Voraussetzung aufgebauten Normen der kriegerischen Besetzung kein Raum mehr.

Die Rheinlandbesetzung hatte eben eine ganz andere Zweckbestimmung als die kriegerische Besetzung. Die Anordnungen der Okkupationsmächte jedoch waren unter Verkennung des Friedensmomentes dieser Besetzung vollständig von der Idee der occupatio bellica getragen, das proton pseudos der rheinischen Okkupation! der grundlegende Konstruktionsfehler, aus dem zwangsläufig sich das weitere ergab. Es war ein Standpunkt, der der rein militärischen Machtstellung die wenigsten Einschränkungen auferlegte und die Okkupanten weit über den Waffenstillstandsvertrag hinaus zu unbeschränkten Herren der besetzten rheinischen Gebiete machte [2]).

Bald nach Beginn der Besetzung trat ferner klar zutage, daß ein großer Teil der Befehle und Anordnungen der Okkupanten weder einem Sicherungsbedürfnis der Truppen diente, noch Deutschland die Wiederaufnahme des Krieges unmöglich machen sollte,

---

[1]) So Strupp a. a. O. S. 267, Heyland a. a. O. S. 316 und „Die Rechtsstellung der besetzten Rheinlande“, Stuttgart 1923, S. 66, Reichsregierung in der Note vom 30. 1. 1919 (abgedruckt bei Purlitz a. a. O., S. 301): „Die im Artikel V vorgesehene Besetzung des deutschen Gebietes ist zwar eine militärische, aber keine kriegerische.“ Auch Nast, S. 124 hält die Machtbefugnis der alliierten Militärbehörden für weitgehender als bei einer friedlichen Besetzung, aber geringer als bei einer Kriegsbesetzung.

[2]) Grundlegende Instruktionen Fochs Nr. 561 C/R vom 15. 11. 1918, „Les armées alliées se conformeront aux principes posés en matière d'occupation par les règlements de la Haye.“

auch nicht aus einer unsicheren Rechtslage heraus entstanden war, sondern, lediglich politische Zwecke verfolgten, die mehr oder minder offen die Loslösung des linken Rheinufers oder von Teilen desselben aus dem Reichsverband zum Ziel hatten. Die dem Okkupanten vertragsmäßig eingeräumte Gewalt über deutsches Staatsgebiet wurde somit Zielen dienstbar gemacht, die mit den Zwecken der Waffenstillstandsbesetzung nichts mehr zu tun hatten. Daneben sollten in bestimmten Teilen des besetzten Gebietes Zustände geschaffen werden, die die Geltendmachung der territorialen Ansprüche gewisser an der Besetzung beteiligter Mächte auf der Friedenskonferenz erleichterten. In diesen Teilen des besetzten Gebietes — es war Elsaß-Lothringen und das Saargebiet, während Eupen-Malmedy erst Ende Mai 1919 mit der Besetzung durch belgische Truppen eine Sonderstellung erhielt — galten Bestimmungen der Militärbefehlshaber, die für das übrige Gebiet keine Anwendung fanden. Als Frankreich die Forderung nach Trennung des linken Rheinufers vom Reich auf der Friedenskonferenz nicht durchzusetzen vermochte, förderte es mit aller Offenheit die Separatistenbewegung und gewährte Unterstützung bis ins einzelne, vielfach auch durch Erlaß von amtlichen Bekanntmachungen [1]) der Militärbehörden. In der Note vom 2. Juni 1919 protestierte die Reichsregierung gegen ein solches Verhalten vergebens [2]). Politische und wirtschaftliche Erwägungen Frankreichs bestimmten schließlich in dem von ihm besetzten Gebiet Form und Wirkungen der Okkupation und wurden ausschlaggebend für die Rechtsstellung der Bewohner, besonders des Saargebietes.

---

[1]) Bezeichnend ist beispielsweise folgender amtlicher Erlaß (Trarbacher Zeitung Nr. 106, vom 7. 9. 1919):

Bekanntmachung

Der Anschlag folgender Plakate:

1. Reklamen zugunsten der Rheinischen Republik,
2. Aufruf des Rheinlandbundes unterzeichnet von Lincet ist im ganzen Armeegebiete gestattet.

Zell (Mosel), den 3. September 1919.

Lt. Colonel Meyer
Militärverwalter des Kreises Zell.

Für Gegenkundgebungen bestand natürlich diese Vergünstigung nicht. Einiges über die Unterstützung der Separatistenbewegung durch Frankreich auch bei General Henry T. Allen, Die Besetzung des Rheinlandes, besonders S. 158, „Der Befehlshaber der alliierten Armeen, General Mangin, erbat am 22. Mai 1919 die Unterstützung des amerikanischen kommandierenden Generals Liggett zur Errichtung einer Rheinischen Republik." Der Amerikaner lehnte ein solch vertragswidriges Verhalten aber ab.

[2]) Purlitz, S. 477.

**2. Die Schaffung eines Militärverwaltungsbezirks „Saargebiet."**

Im Gegensatz zu Elsaß-Lothringen, das bereits eine staats- und verwaltungsrechtliche Einheit darstellte, ein politischer Begriff war, und dem im Waffenstillstandsabkommen in einigen — wenn auch nebensächlichen — Fragen eine besondere Stellung eingeräumt worden war, galt für das Saargebiet, das damals weder eine rechtliche, noch politische Einheit bildete, nichts Besonderes. Erst durch die Anordnungen der französischen Militärbefehlshaber wurde unter Hinweis auf militärische Bedürfnisse das Saargebiet als selbständiges Gebilde geschaffen. Am 3. Dezember 1918 zeigte Marschall Foch der Deutschen Waffenstillstandskommission in Spaa telegraphisch an, daß die Grenze Elsaß-Lothringens gegen Baden, Luxemburg und die Pfalz bis auf weiteres, voraussichtlich für etwa zehn Tage gesperrt werde. Das Gebiet von Saarbrücken und Saarlouis wurde dabei in die elsaß-lothringischen Grenzen einbezogen. Gegen diese Maßnahme erfolgte von deutscher Seite Einspruch mit der Begründung, daß Wirtschaft und Verkehr der betroffenen Nachbargebiete aufs äußerste geschädigt würden, und daß der Waffenstillstandsvertrag kein Wort enthalte, das die französische Heeresleitung ermächtigen könnte, die besetzten Gebiete gegeneinander abzusperren oder ihre Grenzen willkürlich zu ändern [1]).

Dieser Protest erging zu Recht; denn es ist schon im Falle der kriegerischen Besetzung zweifelhaft, ob der Okkupant zu einer Änderung der Verwaltungseinrichtungen des besetzten Gebietes berechtigt ist, und gerade französische Völkerrechtsgelehrte haben dies sehr energisch bestritten[2]). Andere halten eine Änderung der Verwaltungsorganisation zwar für erlaubt, aber nur, wenn sie aus militärischen Gründen während der kriegerischen Besetzung unbedingt notwendig wird[3]). Daß eine militärische Notwendigkeit die Schaffung eines eigenen Bezirks „Saargebiet" erheischte, wurde von keiner Seite behauptet. Auch ein anderes

---

[1]) Purlitz, S. 215.

[2]) Vgl. dazu z. B. Petit, De l'administration de la justice en territoire occupé, Paris 1900, S. 26 ff., Laurentie, Les lois de la guerre, Paris 1917, S. 47; auch Ullmann, Völkerrecht, Tübingen 1908, S. 495.

Moye, Le droit des gens moderne, Paris 1920, S. 406, Pirenne et Vauthier, La législation et l'administration allemandes en Belgique, Paris (1927), S. 108, Fauchille, T. II., S. 228 bezeichnen aus diesem Grunde die Trennung der Verwaltung Belgiens in einen flämischen und einen wallonischen Teil als Völkerrechtsverletzung. A. a. Hatschek, der diese Maßnahme mit der durch sie ermöglichten Erleichterung der Verwaltung rechtfertigt. S. 311.

[3]) z. B.: Bonde, Traité élémentaire de droit international public. Paris 1926, S. 426.

Bedürfnis lag nicht vor. Denn es ist nicht ersichtlich, inwiefern eine Verwaltungseinrichtung, die viele Jahre hindurch reibungslos funktioniert hat, plötzlich einer Änderung bedurfte, die noch dazu von Kräften ausgeführt wurde, denen die Zusammenhänge des deutschen Verwaltungs- und Wirtschaftslebens kaum vollständig bekannt sein konnten. Der deutsche Protest blieb erfolglos.

Bereits Ende Januar 1919 fungierte General Andlauer[1]) als „Oberster Militärverwalter (Administrateur superieur) des Saargebiets", während bis zu dieser Zeit die militärischen Anordnungen nur vom Höchstkommandierenden der Alliierten Armeen, Foch und dem kommandierenden General der X. Armee Mangin, sowie von den einzelnen Stadt- und Kreiskommandanten gezeichnet worden waren. General Andlauer war ursprünglich offenbar noch dem Kommandierenden General unterstellt. So heißt es in einer amtlichen Bekanntmachung vom 7. 3. 1919, die über die Herabsetzung von Geldstrafen handelt, welche über die Gemeinden Dudweiler und Sulzbach verhängt worden waren[2]): „Der kommandierende General der X. Armee Mangin beschließt auf Grund des Gesuches des Landrats von Saarbrücken vom 7. 2. 1919, auf Befürwortung des Generals Andlauer, Militärverwalter des Saargebiets . . . ." Bereits Ende März 1919 scheint aber seine Stellung selbständiger geworden zu sein. Die Grenzen seines Verwaltungsbezirks „Saargebiet" lassen sich nicht mit Sicherheit feststellen. Jedenfalls war der pfälzische Teil des nunmehrigen Saargebietes ursprünglich noch nicht dazu geschlagen.

Die Denkschrift vom Januar oder Februar 1919, in welcher seitens der französischen Friedensdelegation die Annexion des Saargebiets durch Frankreich gefordert wurde, führte als Grund für die Schaffung eines selbständigen Verwaltungsgebietes an, daß die Wirtschaftsstruktur des Saarbeckens dies nötig gemacht hätte[3]). Die militärische Organisation sei daher, wenn auch nur vorübergehend, auf der Grundlage der wirtschaftlichen Einheit des Gebietes errichtet worden. Auf das unzureichende eines solchen Rechtfertigungsversuches ist bereits hingewiesen worden. Übrigens blieb die neugeschaffene Anordnung für die ganze Dauer der Waffenstillstandszeit bestehen. Die Haltung der Militärbehörden läßt vielmehr darauf schließen, daß noch andere Motive ihren Anordnungen zugrunde gelegen haben.

---

[1]) Später abberufen und durch General Wirbel ersetzt.

[2]) Saarbrücker Zeitung Nr. 64, vom 7. 3. 1919.

[3]) Tardieu, La paix, S. 279 ff. Teilweise in Übersetzung abgedruckt im Weißbuch über das Saargebiet, S. 1 ff.

### 3. Die politischen und wirtschaftlichen Anordnungen der französischen Militärbehörden im Saargebiet.

Bekanntlich war die Annexion des Saargebietes, die auch von Napoleon III. erstrebt wurde, ein französisches Kriegsziel. Bereits am 12. Mai 1917 instruierte der damalige Ministerpräsident Briand den französischen Botschafter Cambon in London, daß die künftige Einverleibung Elsaß-Lothringens nicht als französischer Vorteil und als Zuwachs betrachtet werden dürfe, und daß Frankreich die Grenzen aus der Zeit vor 1790 verlange. „Wir werden so das geographische und das Bergwerksbecken der Saar haben, dessen Besitz für unsere Industrie wesentlich ist[1])". Auch in der Note des russischen Außenministers an den französischen Botschafter in Petersburg vom 1. (14.) Februar 1917 über die von Frankreich an Rußland bekannt gegebenen Kriegsziele heißt es unter Punkt 2 über Elsaß-Lothringen:

> „Die Grenzen werden erweitert werden, mindestens bis zum Umfange des früheren Herzogtums Lothringen und werden nach den Wünschen der französischen Regierung festgestellt werden, wobei die strategischen Notwendigkeiten berücksichtigt werden müssen, damit auch das ganze Eisenrevier Lothringens und das Kohlenbecken des Saarreviers in das französische Gebiet einverleibt wird[2])."

Und ein Jahr vorher hatte der Abgeordnete Engerand in der „Petite Bibliothèque de la Ligue des Patriotes" eine Schrift veröffentlicht, die den bezeichnenden Titel trägt: „Ce que l'Allemagne voulait. Ce que la France aura. Le minerai de Briey la houille de la Sarre" Paris (Sirey) 1916. Diese von Hanotaux und Maurice Barrès eingeleitete Schrift entsprach durchaus dem, was die öffentliche Meinung in Frankreich forderte, und zwar ohne Rücksicht auf den Willen der Bevölkerung im Saarbecken. Deshalb mußte die These Wilsons von dem Selbstbestimmungsrecht der Völker bei der durchaus ablehnenden Haltung der Saarländer eine ungemeine Erschwerung für die Durchführung der geplanten Annexion bedeuten, und der Gedanke lag nahe, durch Versprechungen und Druck die Bevölkerung für einen Anschluß an Frankreich gefügig zu machen.

Dieser Versuchung widerstanden die französischen Militärs nicht. Über ihre Maßnahmen gibt das deutsche Weißbuch über das Saargebiet eine beschränkte Übersicht. Die Mittel waren verschieden:

---

1) Engl. Blaubuch: Papers respecting negotiations for an Anglo-French Pact, London 1924 (Presented by the Secretary of State for Foreign Affairs) S. 2: Deutsche Übersetzung bei Linnebach, Die Sicherheitsfrage, S. 11.

2) Engl. Blaubuch Seite 7, Linnebach Seite 12. Ein Hinweis auf den Willen der Bevölkerung findet sich bei diesen Auslassungen nicht.

den Zeitungen wurde befohlen, tendenziöse Artikel ohne eigene Stellungnahme und Quellenangabe zu veröffentlichen[1]), in ihren Reden überhäuften zu Propagandazwecken die hohen Militärs Deutschland mit Vorwürfen und Anschuldigungen[2]), durch die Ortskommandanten bzw. mit ihrer Unterstützung wurden Flugblätter verteilt, die zum Abfall von Berlin aufforderten[3]), französische Offiziere beriefen Versammlungen von Vertrauensleuten ein, in denen sie für den Anschluß an Frankreich warben und versuchten, die lokalen Behörden zu einer Erklärung für Frankreich zu bestimmen[4]). Rücksichtslos wurden alle Personen, besonders Beamte, ausgewiesen, von denen man einen Widerstand gegen die Annexionsbestrebungen befürchtete, beispielsweise auf Anordnung Fochs der Oberbürgermeister von Saarbrücken, weil er die Kölner Entschließung, daß das linke Rheinufer deutsch bleiben wolle, mitunterzeichnet hatte[5]). Andererseits wurden der Bevölkerung die wirtschaftlichen Vorteile vor Augen gehalten, die eine Verbindung mit Frankreich mit sich bringe[6]). Eine Aufbesserung der Nahrungsmittelration für die schwer darbende Arbeiterbevölkerung setzte im Jahre 1919 ein und brachte manche Erleichterung, doch war diese Sorge um das Los der Arbeiter nicht uneigennützig, wie aus einer Mitteilung des Direktors der Lebensmittelförderung, Comte de Nadaillac, vom 21. Januar 1919 hervorgeht, die eine Erhöhung der Lebensmittelration für alle Einwohner in Aussicht stellte, „wenn General Mangin mit der Haltung der Bevölkerung zufrieden ist[7])". Welche Haltung als befriedigend angesehen wurde, konnte nach den bisherigen Erfahrungen niemanden zweifelhaft sein. —

[1]) Weißbuch, S. 28: Nicht veröffentlicht ist dort das Schreiben des französischen Stadtkommandanten General Dauvé an den Bürgermeister von Saarbrücken (MID/I, vom 24. 11. 1918), wonach den Saarbrücker Zeitungen bei Strafe des Verbots der Zeitung der Gebrauch des Wortes „Feindlich" für die französischen Truppen untersagt wird. Andererseits hat bekanntlich das Waffenstillstandsabkommen von diesem terminus zur Bezeichnung der deutschen Vertragspartei reichlich Gebrauch gemacht. Übrigens wurden nach einem Befehl des Generals Andlauer die Bewohner des Saargebiets erst seit der Veröffentlichung der Friedensbedingungen nicht mehr als Feinde und als „Boches" angesehen. Weißbuch, S. 350.

[2]) Weißbuch, S. 23, 27, General Garnier-Duplessis in Saarbrücken, Oberst Poulet in Saarlouis. — [3]) Weißbuch, S. 25.

[4]) Weißbuch, S. 25, 27, 30, 43. — [5]) Weißbuch, S. 39.

[6]) Weißbuch, S. 28, Oberst Poulet erklärte den Stadtverordneten in Saarlouis, Frankreich sei Sieger und habe als solcher auch die wirtschaftlichen Vorteile auf seiner Seite. Wenn Saarlouis französisch würde, würde es für die Garnisonverminderung entschädigt.

[7]) Saarbrücker Zeitung Nr. 21, vom 21. 1. 1919.

Diese militärischen Propagandamaßnahmen — sie können hier nur gestreift werden — waren lediglich geeignet, die durch den Waffenstillstand eingeleitete Friedensaktion zu stören oder doch wesentlich zu gefährden. Während der Dauer der Kampfhandlungen ist die politische Propaganda in besetztem feindlichem Gebiet trotz aller unerfreulichen Begleiterscheinungen als ein erlaubtes Kampfmittel zur Brechung des feindlichen Kampfwillens anzusehen. Von ihm hatten im Kriege alle kriegführenden Parteien Gebrauch gemacht. Nach Abschluß des Waffenstillstandsvertrages aber, der zu dem von Wilson verheißenen Rechtsfrieden führen sollte, war für diese Kampfmethode kein Raum mehr. Die Maßnahmen wurden zu einer Weiterführung des Krieges, sie erfolgten gewaltsam, da die Bevölkerung unter der militärischen Gewalt des Okkupanten nicht die Möglichkeit hatte, die erforderlichen Gegenmaßnahmen zu treffen. So waren diese Anordnungen nicht nur ein Verstoß gegen den Zweck der Waffenstillstandsbesetzung, sondern auch gegen die internationale Moral, denn sie versuchten, das soeben zur Anerkennung gelangte Recht der Selbstbestimmung der Völker im Saargebiet zu unterdrücken und zu fälschen.

Sofort nach der Besetzung des Saargebiets wurden auch die Bergwerke — der Nerv der saarländischen Wirtschaft — unter militärische Oberleitung gestellt, die sich die Entscheidung in allen wichtigen Angelegenheiten vorbehielt. Bestimmungen über Arbeitsleistung und Arbeitszeit, Genehmigung zur Entlassung von Arbeitern sowohl in einzelnem Falle als auch bei Massenentlassungen, Verteilung der Erzeugnisse der Gruben und der Kokereien, Festsetzung der Verkaufspreise sowie der Zahlungsleistung in bestimmten Fällen gehörten zur Kompetenz des französischen Militärs, das damit über den einflußreichsten Wirtschaftsfaktor des Gebietes verfügte, den es auch im vollsten Umfange zu seinen Gunsten ausnutzte. „Das Bureau français de répartition des charbons du Bassin de la Sarre bestimmte die Verteilung und hatte die Aufgabe, die Produktion für die französische Industrie möglichst auszunutzen. Für den Gegenwert, der allerdings nicht dem Verkaufserlös entsprach, wurde Deutschland auf Reparationskonto anerkannt[1]).“ Da die Gruben Staatseigentum waren, lies sich eine Inbesitznahme und Beaufsichtigung durch den Okkupanten vielleicht noch vertreten, eine Ausbeutung zugunsten des Okkupanten muß als dem Sinn des Waffenstillstands zuwiderlaufend angesehen werden[2]). Die Wegnahme der geförderten

---

[1]) Savelkouls, Der Frank im Saargebiet, Stuttgart 1921, S. 35.
[2]) Heyland, Art. Waffenstillstandsbesetzung, S. 319.

Kohle entzog zudem dem besetzten Gebiet die benötigte Menge, so daß auch aus diesem Grunde das Vorgehen der Besatzungsbehörden als rechtswidrig zu bezeichnen ist.

Damit nicht genug, wurden die Bergarbeiter gezwungen, unter militärischem Druck Zwangsarbeit zu leisten. Ende März 1919 brach ein Bergarbeiterstreik aus, der durch die Teuerung, die unzureichende Entlöhnung und die Weigerung der französischen Militärbehörde, den 8-Stundentag einzuführen, veranlaßt war. Zu welchen Maßnahmen der französische Militärbefehlshaber griff, und mit welchen Mitteln er die Bergarbeiter zur Arbeit zwang, erhellt am besten aus einer Proklamation, die hier im Wortlaut wiedergegeben wird:

„Bekanntmachung.

In Verfolg der Proklamation des Generals, Obersten Verwalter des Saargebiets, vom 5. April, welche die Belegschaften der Saargruben zur Arbeitsleistung requiriert, und in Anbetracht, daß nur ein Fünftel dieser Belegschaften die Arbeit wieder aufgenommen hat, sind folgende Maßnahmen getroffen worden:

Eine gewisse Anzahl Verhaftungen sind erfolgt wegen der Weigerung, dem Befehl zur Arbeitsleistung nachzukommen. Von den Verhafteten wurden 21 vor das Kriegsgericht gestellt und zu Strafen von zwei bis fünf Jahren Gefängnis verurteilt[1]). Die übrigen wurden in das rechtsrheinische Gebiet durch Eisenbahntransport abgeschoben. Der Zug verließ Saarbrücken am 7. April 10 Uhr abends.

Saarbrücken, 7. April 1919.

Der General und Oberste Verwalter des Saargebiets."

In einer anderen Proklamation vom 5. April 1919 bestimmt derselbe General Andlauer:

„Jedes Fernbleiben von der Arbeit wird als feindlicher Akt betrachtet und alle Belegschaften in ihrer Gesamtheit, Direktionspersonal miteinbegriffen, werden zur Arbeitsleistung requiriert und dem Befehl des Herrn Generals, Obersten Verwalters des Saargebiets, unmittelbar unterstellt."

„Jede französische Militärperson, gleich welchen Grades, ist von den Deutschen als Vorgesetzter im Sinne der militärischen Rangordnung zu betrachten".

[1]) Die Namen der Verurteilten und die Höhe der Strafe wurden in den Zeitungen bekannt gegeben.

Alle militärischen Anordnungen wurden mit unerbittlicher Strenge durchgeführt, der Streik brach nach kurzer Zeit zusammen.

Die grundsätzliche Unterstellung jedes deutschen Bürgers im besetzten Saargebiet unter die Befehlsgewalt jedes einzelnen französischen Soldaten bedeutete einen offensichtlichen Mißbrauch des Rechtes des Okkupanten und eine Nichtachtung sogar der Pflichten, die ihm die Landkriegsordnung auferlegt. Er soll nach Art. 46 die Ehre und die Rechte der Familie, das Leben der Bürger und das Privateigentum, sowie die religiösen Überzeugungen und gottesdienstlichen Handlungen achten. Die Beobachtung dieser Vorschrift kann nur dann als gesichert gelten, wenn neben der Einhaltung einer straffen Disziplin die Organe, welche mit der Bevölkerung und speziell mit den Behörden in Verbindung zu treten und ihnen Befehle zu erteilen haben, durch ihre Zusammensetzung, ihre Bildung und ihren Charakter, sowie infolge entsprechender Weisung eine Gewähr für ihre Eignung zu einer so verantwortungsvollen Aufgabe bieten. Dies kann von jedem einzelnen Soldaten einer Armee nie behauptet werden, besonders nicht, wenn im Verlauf eines langen Krieges auf Kräfte zurückgegriffen werden muß, deren Einstellung ins Heer zu normalen Zeiten nicht erfolgt wäre. Die Regelung des Generals Andlauer hatte jegliche Garantie dafür aufgehoben, daß die jedem einzelnen Soldaten über jeden einzelnen Bürger im Saargebiet generell und unbeschränkt eingeräumte Befehlsgewalt nicht mißbraucht wurde, zumal, im Gegensatz zu der Befehlserteilung durch militärische Behörden, nachträglich nicht geprüft werden konnte, von wem ein Befehl ausgegangen war. Die Voraussetzungen für den Schutz des Lebens und die Rechte der Bevölkerung waren somit nicht mehr gegeben, von einer Achtung der Ehre und der Freiheit der Bewohner des Saargebiets ganz zu schweigen. Die verlangte Zwangsarbeit und die Vertreibung der Arbeiter aus ihrer Heimat fordern eine Gegenüberstellung mit der bekannten Ansicht der Franzosen über die Anordnung der Zwangsarbeit seitens des Deutschen Reiches während des Weltkrieges heraus.

Die auf den Besitz der Kohlenbergwerke gegründete Machtstellung des französischen Militärs war derart überragend, daß die Erreichung weitergehender wirtschaftspolitischer Ziele außerordentlich leicht wurde. Die übrige Industrie des Saargebiets, Hüttenwerke, keramische Fabriken und Glasbläsereien, sind von einer regelmäßigen und ausreichenden Belieferung mit Kohle und Koks zu annehmbaren Preisen abhängig. Eine solche lag aber ausschließlich in den Händen der militärischen Oberleitung der Bergwerke, zumal die Zufuhr an Ruhrkoks (28% des Gesamtverbrauchs im Saargebiet) schon infolge der unberechtigten Grenzsperre[1]) ausblieb. Zwar gab der Waffenstillstandsvertrag gewisse formelle Garantien gegen eine Schädigung der Industrie durch die Okkupationstruppen. Punkt VI Absatz 1 bestimmt, daß im besetzten Gebiet keinerlei Schaden oder Nachteil den Personen und dem Eigentum der Einwohner zugefügt werden darf[2]). Absatz 5 geht noch weiter und besagt ausdrücklich:

„Il ne sera pris aucune mesure générale ou d'ordre officiel ayant pour conséquence une dépréciation des Etablissements industriels ou une réduction dans leur personnel."

Von einer loyalen Ausführung dieser Waffenstillstandsverpflichtung war leider keine Rede mehr. Den Hüttenwerken wurden die nötigen Kohlen vorenthalten oder in ungenügender Menge und mangelhafter Qualität geliefert, die Werke gerieten in eine Zwangslage, mußten Feierschichten einlegen und wurden unrentabel, zumal sie die Arbeiter weiterbezahlen mußten[3]). Die Blockade und Abschließung der Grenze gegen Elsaß-Lothringen verschärften die wirtschaftliche Notlage.

Hier setzten nun die französischen Bestrebungen politischen Charakters ein: die Werke mußten französisches Kapital aufnehmen, wenn sie nicht zugrunde gehen wollten. Darüber berichtet Savelkouls[4]):

„Diese französische Praxis war eben das Mittel zu einer viel bedeutsameren Loslösung: der Verwelschung der Industrie. General Andlauer, der „Oberste Verwalter des Saargebietes", sprach sich darüber sehr rückhaltlos gegenüber einem Vertreter des „Matin" aus: „Es wäre absurd, wenn es (Frankreich) nicht den Versuch machen würde, auch in den metallurgischen Unternehmungen Einfluß zu gewinnen. Wenn man diesen Unternehmen Kohlen liefere, könne man leicht großen Einfluß auf ihren Geschäftsgang ausüben. Die Industriellen müßten daher begreifen, daß es in ihrem Interesse liege, wenn sie sich den französischem Kapitale angliederten." General Andlauer meinte schließlich, wenn man die Industrie in der Hand habe, sei es wohl leicht, auf die Einwohner einzuwirken, damit diese „von ihrem Recht der Naturalisation Gebrauch machen" (Frkf. Zeit. 5. Aug. 1919, M.). Diese Politik

[1]) Näheres über die Rechtswidrigkeit der verhängten Verkehrssperre gegen das unbesetzte Gebiet aus Heyland, Art. Waffenstillstandsbesetzung, S. 318. Strupp, S. 270.

[2]) Graubuch, Drucksache 1, S. 5. Die amtliche deutsche Übersetzung ist ungenau.

[3]) Näheres, Savelkouls, S. 55 ff. — [4]) Savelkouls, S. 57 ff.

der vorgehaltenen Pistole erreichte ihr nächstes Ziel völlig: Die Großindustrie im Saargebiet steht unter der Kontrolle französischer Industrieller, die sich die Anteilsmehrheit bei den einzelnen Werken verschafften. Auch mittlere und kleinere Werke sind in französische Hände übergegangen [1])."

Die Besetzung wurde so zur Erreichung politischer und wirtschaftsimperialistischer Ziele ausgenützt, ein Ergebnis, daß durchaus nicht im Sinne einer Waffenstillstandsbesetzung lag, die den Weltfrieden vorbeieiten sollte.

### 4. Sonstige Verwaltungsmaßnahmen und Rechtspflege.

In seiner Proklamation vom 15. 11. 1918 erklärte der Oberstkommandierende Foch: „Unter der Aufsicht und der Leitung der Militärbehörden werden die öffentlichen Verwaltungen aufgefordert, in Tätigkeit zu bleiben. Die Staats- und Kommunalbeamten sind verpflichtet und angehalten, die ihnen übertragenen Ämter gewissenhaft und in ehrlicher Weise auszuüben; die Gerichte werden weiter Recht sprechen." Diesem Aufruf entsprechend wurde auch im Saargebiet die Verwaltung wie bisher weitergeführt, allerdings war, durch die Annexionsabsicht der Franzosen bedingt, die Kontrolle der lokalen Behörden besonders scharf und die Ausweisungen aus politischen Gründen umfangreicher als im übrigen besetzten Gebiet. Nach Bekanntwerden der Friedensbedingungen nahm die Einmischung in die Verwaltung noch zu (vgl. S. 25 ff.). Die Gesetze und Verordnungen, die bei Beginn der Besetzung in Kraft waren, fanden auch weiterhin Anwendung, soweit sie den Rechten der Besatzungstruppen nicht entgegenstanden oder ihre Sicherheit gefährdeten. Ausdrücklich verboten wurde durch den kommandierenden General der 10. Armee [2]) die Anwendung der §§ 81 ff. (Hochverrat) des Reichs-Strafgesetzbuchs, um so die Separatisten vor einer Verfolgung wegen ihrer Handlungen zu schützen. Alle nach dem 11. November 1918 erlassenen Gesetze, Verordnungen und Verfügungen der deutschen Regierung durften nach einer Bekanntmachung des Marschalls Foch im besetzten Gebiet keine Anwendung finden. Dies Verbot erstreckte sich, worauf General Andlauer in einer besonderen Verordnung hinwies [3]), auch auf alle Arbeiter- und Angestelltenausschüsse, die gemäß Verordnung der deutschen Reichsregierung vom 23. 12. 1918 zu

---

[1]) Vgl. hierzu auch die Schrift: „Die französische Politik im Saargebiet", Saarbrücken o. A., wo noch weitere Einzelheiten angeführt sind, sowie Donald, A danger spot. London 1925, S. 131 ff.

[2]) Saarkurier Nr. 101 vom 26. 9. 1919.

[3]) Saarkurier Nr. 64 vom 20. 8. 1919.

wählen waren. Bereits gewählte Ausschüsse mußten sofort aufgelöst und die Personen gemeldet werden, welche die Wahlen veranlaßt hatten. Der 1. Mai wurde in der ganzen von der französischen Armee besetzten Zone zum Feiertag erklärt (Verordnung des kommandierenden Generals der Armeegruppe Fayolle betr. den 1. Mai). Die westeuropäische Zeit wurde auf Anordnung der französischen Behörden bereits in der Nacht vom 14. auf den 15. Dezember 1918 als gesetzliche Zeit für die Stadt Saarbrücken eingeführt. Die über das besetzte Gebiet verhängten Verkehrssperre, Paßzwang, zeitweilige Postsperre, Brief- und Zeitungszensur und die besondere Kontrolle über Geldsendungen nach dem unbesetzten Gebiet, Ablieferung der Waffen, die allen Einwohnern des besetzten Gebietes auferlegte Grußpflicht gegenüber der französischen Fahne und die Pflicht aller Uniformierten, die Offiziere der Besatzungsarmee zu grüßen, die Abhaltung französischer Sprachkurse für Schulkinder und Erwachsene fanden auch im Saargebiet volle Anwendung. Eine Bekanntmachung der französischen Militärbehörden Saarbrückens, daß seit Sommer 1919 wieder Ausländer in die Fremdenlegion aufgenommen werden, verschweigt auch nicht, an welche Stelle sich die künftigen Legionäre wenden können: „Junge Leute, die sich zu verpflichten wünschen, können zwecks Auskunft sich an den Militärverwalter, Schloßplatz 15 wenden." Gemäß der Bestimmungen der alliierten Wirtschaftskommission in Koblenz und nach den Anordnungen der Spezialkommission für das Saarbecken (Sitz Paris!) wurde den Banken im Saargebiet am 18. November 1919 auch das Auflegen deutscher Reichs- und Staatsanleihen verboten[1] [2].

Auch auf dem Gebiete der Rechtspflege sind Maßnahmen besonderer Art zu verzeichnen, die neben der Kompetenz der Militärgerichte für Delikte gegen die Besatzungstruppen den Militärbehörden einen gewissen Einfluß auf die Rechtspflege verschafften. Die Bildung eines besonderen Militärverwaltungsbezirks „Saargebiet" mit seiner teilweisen Angliederung an die Verwaltungsorganisationen Elsaß-Lothringens in der Lebensmittelversorgung hatte eine außerordentliche Begünstigung des Schleichhandels und Wuchers zur Folge. Die Verordnung des General Andlauer, veröffentlicht am 27. 4. 1919, die mit Beschlagnahme der im Schleichhandel erworbenen Lebensmittel drohte, erreichte ihren Zweck nicht, auch eine Ver-

---

[1]) Veröffentlicht im Saarlouiser Journal, 24. 11. 1919.

[2]) Weitere, in das öffentliche und private Leben tief eingreifende Maßnahmen sind bei Niboyet: L'occupation du Palatinat durant l'armistice in Revue de droit international privé et de droit pénal international, Paris 1920, Bd. XVI, S. 46, aufgeführt.

ordnung vom 12. 10. 1919, die außerordentlich weit ging, vermochte nicht abzuhelfen. Ganz aus dem Geiste der kriegerischen Besetzung heraus geschaffen übertrug sie die Sorge für die Bevölkerung unter Ausschaltung des Deutschen Reiches dem Okkupanten und änderte das geltende deutsche Strafrecht sowie Strafprozeßrecht ab. Formell war die Bekanntmachung auf die Haager Landkriegsordnung gestützt, wie die Einleitung ausdrücklich feststellt:

„Bekanntmachung.

Auf Grund des Artikels 43 des Haager Abkommens, betreffend Gesetze und Gebräuche des Landkrieges vom 29. Juli 1899, welcher lautet:

„Nachdem die gesetzmäßige Gewalt tatsächlich in die Hände des Besetzenden übergegangen ist, hat dieser alle von ihm abhängenden Vorkehrungen zu treffen, um nach Möglichkeit die öffentliche Ordnung und das öffentliche Leben wieder herzustellen und aufrecht zu erhalten und zwar, soweit kein zwingendes Hindernis besteht, unter Beachtung der Landesgesetze"
verordne ich zur Aufrechterhaltung der Ruhe und Sicherheit was folgt . . . . . . . . . . . . . . . ."

Die Strafbestimmungen sahen für den Tatbestand des Schmuggels, der gewerbs- oder gewohnheitsmäßigen Preistreiberei, des Schleich- oder Kettenhandels sowie für die Abwicklung von Schiebergeschäften Zuchthaus bis zu 15 Jahren vor, daneben konnte auch auf eine Geldstrafe nicht unter 10 000 ℳ erkannt werden (§ 1), die Einziehung der erworbenen Gegenstände sowie des erhaltenen Gewinnes war obligatorisch (§ 2), die Aburteilung erfolgte durch ein Sondergericht, das sich aus einem Berufsrichter und vier Laienrichtern zusammensetzte. Das Urteil konnte mit einem Rechtsmittel nicht angefochten werden, hingegen unterlag es der Bestätigung durch den obersten Verwalter des Saargebiets (§ 4). Und das war vielleicht das wichtigste, denn General Andlauer hatte sich damit auf die Rechtsprechung einen großen Einfluß gesichert. Das Verfahren vor dem so geschaffenen Sondergericht wich in vielen Beziehungen von dem geltenden deutschen Strafprozeßrecht ab. Die vier Beisitzer wurden aus einer Liste von 80 Beisitzern durch das Los bestimmt. Die Spruchliste wurde vom General Andlauer auf Grund von Vorschlägen der Berufs- und Interessentengruppen aufgestellt (§ 6). Auch diese Verordnung vermochte dem Übel nicht zu steuern. Die weder durch die Waffenstillstandsbesetzungen an sich noch durch das Abkommen selbst bedingte Nichtzulassung der nach dem 11. 11. 1918 erlassenen deutschen Gesetze[1]), — eine Maßnahme, die übrigens auch von den Alliierten recht häufig, weil praktisch undurchführbar, durchbrochen werden mußte, — begann sich zu rächen. Das Nebeneinanderbestehen von verschiedenen Rechtsnormen im gleichen Staatsgebiet zurzeit höchster wirtschaftlicher Not führte zu einer Schädigung der Bewohner, die bei einer vertragsmäßigen Ausführung der Waffenstillstandsbestimmungen nicht eingetreten wäre.

### 5. Maßnahmen im Hinblick auf die künftige Völkerbundsverwaltung.

Durch die Bestimmung des Versailler Vertrags über das Saargebiet, die nicht ganz im Sinne Frankreichs ausfiel, geriet das französische Militär in eine eigentümliche Lage. Die bisherige Verwaltungsmethode durfte nach Inkrafttreten des Friedensvertrages nicht mehr beibehalten werden, auch kam das Land nicht unter die Gebietshoheit des Okkupanten, wenn ihm auch ein gewisser Einfluß auf die künftige Regierung eingeräumt war. Seiner politischen Propaganda war ein nennenswerter Erfolg versagt geblieben, und Frankreich konnte auf der Friedenskonferenz keine Belege für eine Stimmung der Bevölkerung zugunsten des Anschlusses an Frankreich vorweisen. Ein Erfolg war jedoch zu verzeichnen. Da die freie Meinungsäußerung der Bevölkerung durch die französische Militärgewalt unterdrückt war, wurde die Behauptung Clemenceaus, es gäbe im Saargebiet 150 000 Franzosen, nicht sofort als Lüge erkannt, und diesem Umstand ist es wohl zum Teil mit zuzuschreiben, daß das Saargebiet Abstimmungsgebiet wurde. Damit war wenigstens der Hoffnung Raum gegeben, daß sich in einer entfernteren Zeit die Stimmung für Frankreich würde ändern lassen, zumal doch der Vertrag Frankreich eine außerordentlich starke politische und wirtschaftliche Stellung in dem neuen Sonderverwaltungsgebiet einräumte[2]). Nach Bekanntwerden der Friedensbestimmungen richteten sich infolgedessen die Bestrebungen der Militärverwalter

---

[1]) Vgl. Strupp a. a. O., S. 270, Heyland a. a. O., S. 317.

[2]) Das Saargebiet ist kein Staat im Rechtssinne. So die richtige Meinung Andres, S. 40. Wehberg, S. 9. Coursier, S. 33, Redslob, Le statut international de la Sarre in Revue de droit international. Genf 1925, S. 294. Reichsregierung in der Note vom 28. 1. 1920, Weißbuch, S. 102, Regierungskommission des Saargebiets: Bienque la Sarre ne constitue pas un Etat . . . . ." J. O. Heft 10/12, 1921, S. 1075. Anderer Ansicht ohne Begründung Herly, L'introduction du Franc dans la Sarre, Paris 1926, Seite 1 und Caclamanos in der Sitzung des Völkerbundrates vom 13. 2. 1920, Weißbuch, S. 69, J. O., 1920 Heft 2, S. 49, wo er das Saargebiet einen unter den Auspizien des Völkerbundes geschaffenen Staat nennt.

darauf, die französische Position für die Zukunft zu stärken, was vor allem zur Voraussetzung hatte, daß die Stellen der ausgewiesenen oder abgesetzten Beamten, besonders Bürgermeister, Landräte, Polizeidirektoren usw. durch genehme oder willige Leute besetzt wurden. In Saarlouis z. B. erklärte Leutnant Fabvier in der Sitzung der Stadtverordnetenversammlung vom 13. 5. 1919, es sei der Wunsch des Herrn General, daß Herr Dr. Hector an Stelle des ausgewiesenen Bürgermeisters Dr. Gilles gewählt würde [1]). Dies geschah auch. Hector wurde bekanntlich später zum saarländischen Mitglied der Regierungskommission ernannt. Er mußte aber die ihm vom Völkerbund anvertraute Stelle wieder aufgeben, nachdem er des Meineids überführt worden war [2]).

Die Versuche der französischen Militärverwaltung, die Grenzen des Saargebiets über den im Versailler Vertrag vorgesehenen Umfang zu erweitern, sind im deutschen Weißbuch über das Saargebiet, Seite 60 ff., eingehend geschildert. Es bedeutete dieses Verhalten übrigens auch einen Angriff auf die Bestimmungen des Versailler Vertrages selbst.

Nach Allot [3]) war ferner vereinbart worden, daß die französische Militärbehörde für die Dauer der Übergangszeit die Kontrolle über die örtliche Verwaltung weiter ausüben solle. Über einen entsprechenden Beschluß des Völkerbundrates, der allein als zuständig anzusehen ist, enthält das Journal Officiel nichts. Seit Sommer 1919, nicht etwa erst seit Ende November 1919, wie Allot anzunehmen scheint, beschäftigte sich der General Wirbel mit Organisationsfragen, wobei ihm am 14. November 1919 bestimmte Anweisungen

[1]) Saarlouiser Tageblatt Nr. 110, vom 14. 5. 1919.

[2]) Seine franzosenfreundliche Einstellung, zu der er sich aber trotz des französischen Schutzes nicht offen bekannte, wurde ihm zum Verhängnis. Er fälschte eine von der Stadtverordnetenversammlung am 28. Juli 1919 gebilligte rein wirtschaftliche Denkschrift durch Weglassungen und Hinzufügen zu einer Loyalitätserklärung gegenüber Frankreich um, und schickte sie an die französische Regierung. Die Presse und die politischen Parteien brandmarkten dieses Verhalten. Es kam zu einem Strafverfahren gegen den Redakteur Franke von der Saarbrücker Zeitung, in welchem Hector als Nebenkläger und Zeuge am 24. 2. 1923 unter Eid bestritt, Kenntnis von zwei Schriftstücken gehabt zu haben, die ohne Wissen der Stadtverordnetenversammlung verfaßt und an die französische Regierung (Clemenceau) geschickt worden waren. In der Gerichtsverhandlung wurde die Unrichtigkeit dieser eidlichen Aussage erwiesen. Vgl. dazu Denkschrift der 6 politischen Parteien Anfang September 1922 an den Völkerbund und Denkschrift des Zentrums, der Sozialdemokratie, liberalen Volkspartei, Deutsch-demokratischen Partei vom 13. März 1923, in denen diese Angelegenheit ausführlich behandelt worden ist.

[3]) Allot, S. 49.

durch den Präsidenten des französischen Staatsrates erteilt wurden. Hinsichtlich der Angelegenheiten, die nicht ausschließlich für Frankreich von Interesse waren, sollte, den Anweisungen entsprechend, die Vorarbeit sich auf die Einholung von Auskünften usw. beschränken, eine ausführliche Ausarbeitung vermieden werden, um weder zu einer „gefährlichen Zusammenarbeit" mit den deutschen Beamten zu kommen, noch bei der Bevölkerung illusorische Hoffnungen zu erwecken und der Entscheidung der Regierungskommission vorzugreifen. Die Anweisung kam etwas zu spät, denn in gewissem Umfange hatte sich die militärische Oberverwaltung über das Saargebiet bereits als Stellvertreterin der künftigen Regierungskommission gefühlt und für sie Erklärungen abgegeben, ohne daß eine Legitimation irgendwie nachweisbar war. So z. B. veröffentlichte sie am 9. 7. 1919 folgende Bekanntmachung[1]):

„Bekanntmachung.

Die Beamtenfrage im Saarstaat beschäftigt nicht ohne Berechtigung eine große Zahl um ihre Zukunft besorgter Gemüter. Die französische Militärbehörde möchte in dieser Hinsicht die Beamten beruhigen, die zur Mitarbeit an der neuen Regierung zugezogen werden. Obzwar diese Frage im Vor-Friedensvertrag nicht geregelt worden ist, so hat sie doch eine ausgiebige Behandlung seitens der Konferenz erfahren und bietet für deren künftige Arbeiten einen wichtigen Verhandlungsgegenstand.

Inzwischen hat die französische Verwaltung eine Gruppe von Sachverständigen mit dem Studium der neuen Stellung der Beamten beauftragt, die einen den Wünschen der Interessenten Rechnung tragenden Modus vivendi finden sollen.

Schon jetzt läßt sich sagen, daß die Besoldung und die Garantien für die Beamten des neuen Staates zum mindesten die gleichen sein werden, wie für die Beamten rechts des Rheines.

Administration supérieure de la Sarre.
P. O. le Chef d'Etat-Major."

So sehr eine Beruhigung der Beamten im Interesse des Saargebietes selbst lag, mußte es aber der künftigen, lediglich vom Völkerbund abhängigen Regierungskommission nur schaden, daß das französische Militär, dessen parteiische Haltung allgemein bekannt war, in ihrem Namen und in der vorgelegten Form Erklärungen abgab[2]). War die

[1]) Neuer Saarkurier Nr. 24, vom 9. 7. 1919. Im Original ohne Sperrdruck.

[2]) Bekanntlich führte die Verschlechterung der rechtlichen Lage der Beamten durch die Verordnungen der Regierungskommission im August 1920 zum Beamtenstreik.

Erklärung nicht durch Unkenntnis der Rechtslage verursacht, so erfolgte sie aus der Tendenz heraus, schon jetzt den überragenden Einfluß Frankreichs in der Regierungskommission deutlich zu machen.

**6. Die Übergangszeit bis zum Amtsantritt der Regierungskommission.**

Mit dem Inkrafttreten des Versailler Vertrags trat im besetzten Gebiet eine Änderung der bisherigen Rechtsgrundlage ein. Die Rechte der Okkupationstruppen ergaben sich nunmehr aus dem sogenannten Rheinlandabkommen, das die näheren Bestimmungen über die occupatio pacifica enthält, die gemäß Artikel 428 des Versailler Vertrags den Zweck hat, die Ausführungen des Friedensvertrags durch Deutschland sicher zu stellen, insbesondere die Entwaffnungsbestimmungen und die Reparationsverpflichtungen. Die alliierten und assoziierten Mächte hatten in ihrer Antwortnote vom 16. Juli 1919 die Weiterdauer der Besetzung des linken Rheinufers für 15 Jahre ausdrücklich mit ihrem gegen die deutsche Regierung bestehenden Mißtrauen hinsichtlich der Vertragserfüllung motiviert [1]).

Für das Saargebiet sah der Friedensvertrag eine besondere Regelung vor. Das Deutsche Reich und die beteiligten Länder Preußen und Bayern mußten gemäß Artikel 45 Versailler Vertrag zugunsten des Völkerbunds auf die Regierung — nicht auf die Souveränität — im Saargebiet für die Dauer von 15 Jahren verzichten. Das Gebiet wird von einer Regierungskommission verwaltet, welcher die oberste Regierungsgewalt übertragen ist; die lokalen Behörden unterstehen nur ihr, die Verwaltung des Gebietes erfolgt nach bestimmten, im Saarstatut niedergelegten Grundsätzen. Bei dieser Neuordnung — Völkerbundsverwaltung statt Verwaltung durch das Deutsche Reich — blieb für eine weitere militärische Besetzung und Beaufsichtigung der Behörden kein Raum mehr. Es fiel auch die Begründung mangelnden Vertrauens gegenüber der deutschen Regierung weg. Die bisherigen Befugnisse der französischen Besatzungstruppen mußten somit ihr Ende finden [2]). Da indessen die Regierungskommission vom Völkerbund zu ernennen war, der erst noch konstituiert werden mußte, dauerte die Besetzung des Saargebiets und die Aufrechterhaltung des bisherigen Besatzungsregimes aus praktischen Gründen länger als im übrigen besetzten Gebiet.

---

[1]) Antwortnote vom 16. 6. 1919. Teil XIV. Bürgschaften.

[2]) Die interalliierte Rheinlandkommission trat mit dem 10. 1. 1920 ihr Amt an. Vgl. Bulletin officiel de la Haute Commission Interalliée des Territoires Rhénans, Jahr 1920, Heft 1, S. 16.

Diese Übergangszeit muß als Fall der occupatio pacifica angesehen werden, denn der Kriegszustand war beendet. Da die Bestimmungen des Rheinlandabkommens für das Saargebiet nicht galten, hatten sich die Truppen für diese Zeit nach den allgemeinen Regeln der occupatio pacifica zu richten; praktisch wurde allerdings die bisherige Regelung weiter beibehalten. Aus dem Umstande, daß Frankreich Mitunterzeichner des Versailler Vertrags ist, ergab sich übrigens für seine Truppen die Pflicht, sich solcher Maßnahmen zu enthalten, die die kommende Verwaltung durch den Völkerbund gefährden oder unmöglich machen konnten. Andererseits stand den Truppen das Recht zu, für ihre eigene Sicherheit und ihren Unterhalt die nötigen Anordnungen zu treffen, wozu allerdings die kurze Übergangszeit keinen besonderen Anlaß bot.

Erst auf seiner dritten öffentlichen Sitzung in London beschäftigte sich der Völkerbundrat mit der Ernennung und Einsetzung der Mitglieder der Regierungskommission [1]). Berichterstatter war Caclamanos, der griechische Gesandte in London. Er legte die „Instruktionen des Völkerbundrates für die Regierungskommission des Saargebiets" vor, brachte die künftigen Mitglieder der Regierungskommission in Vorschlag und beschränkte sich im übrigen bei seinen Ausführungen auf die Wiedergabe der einschlägigen Rechtsbestimmungen. Zu dem Umstand, daß das Saargebiet durch französische Truppen besetzt war, äußerte Caclamanos sich folgendermaßen: „Gemäß § 30 ist es Sache der Kommission, in allen eintretenden Fällen für den Schutz der Personen und des Eigentums im Saargebiet zu sorgen. Hieraus ergibt sich, daß sie bis zu der in dem erwähnten § 30 vorgesehenen Einrichtung einer saarländischen Gendarmerie die völlige oder teilweise Beibehaltung oder Rückberufung der zur Aufrechterhaltung der Ordnung berufenen Truppen verlangen kann, falls ein Bedürfnis hierfür besteht [2])." Die Anträge und Ausführungen des Berichterstatters wurden in derselben Sitzung vom 13. Februar 1920 einstimmig angenommen.

Am 26. Februar 1920 trat die Regierungskommission ihren Dienst an und berichtete bereits am 25. März 1920 nach Genf, daß sie „bis zur Errichtung einer örtlichen Gendarmerie die Anwesenheit der Truppen nicht entbehren könne [3])". Damit war das weitere Verbleiben der französischen Truppen im Saargebiet sichergestellt.

[1]) Bereits am 16. 1. 1920 hatte er auf der ersten Tagung in Paris die in Art. 48, VV. vorgesehene Grenzkommission bestimmt, J. O., 1920, Heft 1, Seite 19.

[2]) J. O., 2. Heft, Jahr 1920, S. 45 ff.

[3]) J. O., 3. Heft, Jahr 1920, S. 103.

Das französische Militär gab übrigens seine bisherige Machtstellung nur langsam und schrittweise auf, verwaltete somit noch einige Zeit n e b e n der bereits im Amt befindlichen Regierungskommission. Als typisches Beispiel hierfür sei das Schreiben des immer noch amtierenden französischen Militärverwalters in Homburg erwähnt, mit dem er am 8. März 1920 den Bezirksamtmann in Homburg anweist, auf den Personalausweisen die Bezeichnung „Preuße", „Deutscher", „Bayer" oder „Pfälzer" durch die Bezeichnung „Saarländer" zu ersetzen, obwohl der V. V. im Saarstatut § 27 ausdrücklich bestimmt, daß die gegenwärtige Staatsangehörigkeit der Bewohner des Saargebiets durch die Bestimmungen des Versailler Vertrags über das Saargebiet nicht berührt werde [1]).

II. Teil.

## Die französischen Truppen als „Garnisontruppen" im Saargebiet 1920—1927.

### 1. Allgemeines.

Nach dem Beschluß des Völkerbundrates — über dessen Rechtmäßigkeit noch zu sprechen sein wird — durfte die Regierungskommission im B e d ü r f n i s f a l l e und v o r l ä u f i g sich der französischen Truppen zur Aufrechterhaltung der öffentlichen Ordnung im Saargebiet bedienen. Von dieser Berechtigung hatte sie auch Gebrauch gemacht. Die Truppen wurden dadurch von der Regierungskommission zur Erfüllung von Aufgaben verwandt, die typisch zum Pflichtenkreis der Regierungsführung gehörten. Um die besondere Stellung zu kennzeichnen und um hervorzuheben, daß ihre gegenwärtige Funktion von der bisherigen verschieden sei, prägte der Präsident der Regierungskommission den Ausdruck „G a r n i s o n t r u p p e n" im Gegensatz zu „B e s a t z u n g s t r u p p e n". Er führte bei seiner Ansprache an die Vertreter der politischen Parteien aus: „Die französischen Truppen bleiben jedoch nicht als Besatzungs-, sondern als Sicherheitstruppen" und erklärte in dem Schreiben vom 25. März 1920 an den Völkerbund „aber diese Truppen sind nicht mehr Besatzungstruppen; es sind Garnisontruppen [2])", eine Benennung, die in der Folgezeit beim Streit über die Rechtmäßigkeit der Anwesenheit fremder Truppen im Saargebiet eine besondere Bedeutung erlangte. Sie unter-

[1]) Weißbuch, S. 81 und B ü l o w, S. 406.

[2]) Weißbuch, Seite 129 ff., J. O., Heft 3, 1. Jahrgang, S. 103 ff.

standen dem französischen Kriegsministerium und wurden lediglich auf Anforderungen des Präsidenten der Regierungskommission tätig, erhielten auch weitgehende Rechte, besonders hinsichtlich der Militärgerichtsbarkeit und Befreiung von der Finanzhoheit eingeräumt, Vergünstigungen, wie sie sonst nur Okkupationstruppen auf fremdem Staatsgebiet besitzen. Die Regelung über die Stellung, die Rechte und den Unterhalt der Garnisontruppen ist seitens der Regierungskommission nicht veröffentlicht worden, aber aus den Äußerungen des Präsidenten Rault gegenüber dem Völkerbund in der Sitzung vom 6. Juli 1923 ergibt sich, daß Frankreich gegenüber in dieser Richtung Bindungen und Abmachungen bestanden. Die Truppenführer waren verpflichtet, jedem Ersuchen des Präsidenten der Regierungskommission Folge zu leisten, die Kosten ihres Unterhalts gingen, von gewissen örtlichen Leistungen und Belastungen abgesehen, zu Lasten des französischen Staates [1]). Die Kompetenz der den Truppen beigegebenen französischen Gendarmerie wurde in einer VO vom 7. Juni 1920 (Amtsblatt der Reg.-Kom. Nr. 7, Jahr 1920) [2]) geregelt, über die Zuständigkeit der Gerichte und Militärgerichte handelt die VO vom 28. Juli 1921 (Amtsblatt Nr. 10, Jahr 1921 [3]). Alle diese Verordnungen sowie die Anwesenheit der französischen Truppen im Saargebiet überhaupt sind Gegenstand von Protesten und Verhandlungen zwischen den interessierten Parteien gewesen.

## 2. Der Streit wegen der Anwesenheit der französischen „Garnisontruppen" im Saargebiet.

### a) Der Gang der Verhandlungen und die Stellungnahme der beteiligten Parteien.

Die Beibehaltung der französischen Truppen im Saargebiet stellte nach dem Beschlusse des Völkerbundrates vom 13. 2. 1920 eine vorläufige Maßnahme bis zur Errichtung der im § 30 des Saarstatuts vorgesehenen lokalen Gendarmerie dar [4]), und auch der (französische) Präsident der Regierungskommission erklärte in seiner Ansprache an die Vorstände der politischen Parteien, daß

[1]) Vgl. Drucksache der franz. Deputiertenkammer No. 1999, W. außerordentlichen Session 1920, S. 568 und des Senats, Ordentl. Session 1921, Drucksache Nr. 95, S. 69.

[2]) Auch abgedruckt im Weißbuch, S. 135.

[3]) Weißbuch, Seite 151.

[4]) Dies mußte übrigens der Berichterstatter Koo in der Sitzung des Völkerbundrates vom 20. Juni 1921 der Reg.-Kom. gegenüber nochmals deutlich erklären. J. O., 1921, S. 685, auch Weißbuch, S. 149.

die Truppen nur so lange bleiben, bis die zu gründende saarländische Polizeitruppe von 3000 Mann eingerichtet sei[1]). Im Juli 1920 ergingen nun seitens der Regierungskommission die „Verordnung betreffend die Errichtung eines Saarlandjägerkorps" (Amtsblatt Nr. 7, VO Nr. 99) und die „Verordnung betr. Einrichtung einer beweglichen Saarlandjägerabteilung" (Amtsblatt Nr. 7, VO Nr. 100). Die erste Verordnung teilte das Saarlandjägerkorps in „stehende Landjägerabteilungen", welche die alte preußische Landgendarmerie und die bayerische Gendarmerie des Saargebiets umfaßt, und in „bewegliche Landjägerabteilung" ein, die neu aufgestellt wurde und das Gros der Polizeitruppen darstellen sollte. Ferner enthielt die VO die Bedingungen für die Annahme der Mannschaften, Bestimmungen über ihre Ausbildung, ihre rechtliche Stellung und ihr Beamtenrecht. Die letzte Verordnung sah für die bewegliche Abteilung eine vorläufige Stärke von 3 Landjägermeistern und 27 Saarlandjägern einschließlich eines Signalhornisten vor, für eine Truppe, deren Sollstärke auf 3000 Mann angegeben wurde, gewiß ein bescheidener Anfang. In dem Bericht an den Völkerbundrat vom 25. Oktober 1920 heißt es: „Die Regierungskommission hat sich damit befaßt, mit der Errichtung der in § 30 der Anlage vorgesehenen örtlichen Gendarmerie zu beginnen. . . Erwägungen finanzieller Natur haben die Regierungskommission gezwungen, vorläufig die Zahl der Gendarmen auf 30 festzusetzen. . Schon jetzt werden diese Kräfte im Zusammenwirken mit der im Saargebiet in Garnison stehenden französischen Gendarmerie ausreichen, um die Aufrechterhaltung der Ordnung unter normalen Verhältnissen zu gewährleisten. Um aber die Sicherheit von Person und Eigentum jederzeit sicherzustellen, müßte man beim Fehlen von Garnisontruppen die örtliche Gendarmerie auf einen Bestand bringen, der außer Verhältnis zu den gegenwärtigen Hilfsquellen des Budgets des Gebietes stünde." Gegenwärtig könne daran nicht gedacht werden[2]). Nach diesen Ausführungen ruhte also die Aufrechterhaltung der öffentlichen Ordnung auch im Normalfalle nicht ausschließlich in den Händen der saarländischen Polizei, sondern auch die französische Gendarmerie war mit dieser Aufgabe betraut, während die Garnisontruppen lediglich für außergewöhnliche Fälle bereit gehalten wurden.

---

[1]) Weißbuch, Seite 129.

[2]) J. O., 1920, Heft 8, S. 71; Weißbuch, S. 136.

In einer Note[1]) vom 12. Februar 1921 wurde die Reichsregierung bei der Regierungskommission des Saargebietes wegen eines später noch zu behandelnden Kontumatialurteiles eines französischen Kriegsgerichtes im Saargebiet vorstellig und protestierte in diesem Zusammenhang auch gegen die Anwesenheit des französischen Militärs im Saargebiet: hinsichtlich des Saargebiets sehe der Versailler Vertrag im Gegensatz zum übrigen Rheinland, Oberschlesien, Westpreußen und Schleswig keine Besetzung vor. § 30 des Saarstatuts bestimme, daß im Saargebiet weder allgemeine Wehrpflicht noch freiwilliger Heeresdienst bestehe, daß vielmehr die Aufrechterhaltung der Ordnung einer örtlichen Gendarmerie übertragen werden solle; es sei sogar ausdrücklich hervorgehoben, daß die Aufrechterhaltung der Ordnung nur durch eine örtliche Gendarmerie erfolgen solle. Hieraus ergebe sich zweifelsfrei, daß im Saargebiet neben der örtlichen Gendarmerie überhaupt keine Heeresmacht bestehen dürfe. Wenn auch für den Beschluß des Völkerbundrates vom 13. 2. 1920 eine Rechtfertigung nicht gefunden werden könne, sei doch die für das Verbleiben des Militärs vorgesehene Zeit seit Monaten abgelaufen, da im Juli vorigen Jahres die örtliche Gendarmerie errichtet worden sei. Die Anwesenheit französischer Truppen (und die Ausübung der französischen Militärgerichtsbarkeit) laufe den Grundsätzen einer treuhänderischen Verwaltung zuwider. Mit diesen Grundsätzen sei es unvereinbar, daß einem der Staaten, die an der Entscheidung über das endgültige Schicksal des Gebietes interessiert seien, eine bevorzugte Stellung eingeräumt werde. Eine Abschrift dieser Note ging auch an den Völkerbund mit einem Begleitschreiben, in dem gleichfalls gegen die vertragswidrigen Zustände im Saargebiet protestiert wurde[2]).

Die Regierungskommission antwortete in einer Note vom 14. April 1921[3]): Der § 30 des Saarstatuts enthalte einen Schlußsatz, den die Deutsche Regierung übersehen zu haben scheine: „Es ist Sache der Regierungskommission, in allen eintretenden Fällen für den Schutz der Person und des Eigentums im Saargebiet zu sorgen." Auf Grund dieser Bestimmung habe die Regierungskommission die Anwesenheit fremder Truppen im Saargebiet zugelassen; zur Auslegung der Bestimmung des Saarstatuts sei nach § 33 die Regierungskommission allein befugt.

[1]) Weißbuch, Seite 137 ff.
[2]) Weißbuch, Seite 139.
[3]) Weißbuch, Seite 143.

Diese Antwort veranlaßte eine weitere, dem Völkerbund ebenfalls abschriftlich mitgeteilte Note der Reichsregierung an die Regierungskommission (4. Mai 1921 [1]), in der sie nun ihrerseits auf den mittleren der drei Absätze des § 30 aufmerksam macht und ihn zitiert: „Es wird nur eine örtliche Gendarmerie zur Aufrechterhaltung der Ordnung eingerichtet. . . . Zur Aufrechterhaltung der Ordnung gehört aber in erster Linie der Schutz von Person und Eigentum, denn eine Ordnung ohne Schutz von Person und Eigentum ist undenkbar. Wenn somit im zweiten Absatz des § 30 die örtliche Gendarmerie als das Mittel für die Aufrechterhaltung der Ordnung im Saargebiet bezeichnet wird, so erübrigt es sich allerdings, im Absatz 3 nochmals die Mittel für den Schutz von Personen und Eigentum, den wichtigsten Teil der allgemeinen Ordnung, anzugeben. Vielmehr wird durch Absatz 3 in keiner Weise der in Absatz 2 allgemein und unbedingt ausgesprochene Grundsatz eingeschränkt, daß die Ordnung allein durch die örtliche Gendarmerie aufrecht erhalten werden soll." Außerdem machte die Note darauf aufmerksam, daß Völkerbund wie auch Regierungskommission in ihren Äußerungen vom 13. 2. 1920 bzw. 25. 3. 1920 von der selbstverständlichen Voraussetzung ausgegangen seien, daß ein wesentlicher Teil der Aufrechterhaltung in dem Schutz von Person und Eigentum bestehe, und daß die vertragswidrige Belassung französischer Truppen im Saargebiet lediglich mit den Schwierigkeiten einer kurzen Übergangszeit entschuldigt worden sei. Die Entgegnung des Präsidenten der Regierungskommission erfolgte schon am 11. Mai 1921, sie lautete kurz und bündig:

„Herr Minister!

Ich habe die Ehre, Ihnen den Empfang Ihrer Note vom 4. Mai 1921, Nr. II, S. G. 851, zu bestätigen; ich bin der Ansicht, daß sie keine Antwort meinerseits erfordert.

Diese Note stellt in der Tat den Versuch einer Auslegung der Bestimmungen des Friedensvertrages dar, die die Regierungskommission des Saargebietes allein zu geben befugt ist.

Genehmigen Sie, Herr Minister, die Versicherung meiner ausgezeichneten Hochachtung.

gez. V. Rault."

Mit dieser Antwort war der Reichsregierung ein neuer Weg vorgezeichnet. Sie konnte sich nunmehr nur noch an den dem Deutschen Reiche für die Geschäftsführung verantwortlichen Treu-

---

[1]) Weißbuch, Seite 144.

händer, an den Völkerbund selbst wenden. Im Gegensatz zur Ansicht der Regierungskommission hielt dieser ein Eingehen auf die deutsche Beschwerde für notwendig. In der Ratssitzung vom 20. Juni 1921 legte der Berichterstatter Wellington Koo den deutschen Standpunkt und dessen rechtliche Begründung dar, sodann denjenigen der Regierungskommission, wobei er sich auf ein Schreiben Raults vom 14. April 1921 [1]) stützte, in welchem ausgeführt war: die Truppen seien nicht Besatzungstruppen, sondern Garnisontruppen und unterständen der Rheinarmee nicht. Ihre Führer müßten jedem Ersuchen der Regierungskommission Folge leisten. Keine Stelle des Vertrags schränke die Befugnisse der Regierungskommission in der Wahl der Mittel, die ihr die Sicherstellung des Schutzes von Person und Eigentum im Saargebiet ermöglichen, ein. Dies habe auch der Völkerbund in seinem Beschluß vom 13. 2. 1920 anerkannt. Des weiteren ist im Schreiben ausgeführt, daß die örtliche Gendarmerie mindestens 4000 Mann stark sein müsse, darunter 500 Berittene, um in wirksamer Weise die Garnisontruppen ersetzen zu können. Die Unterhaltung einer derartig starken Truppenmacht würden die Finanzen der Regierungskommission keinesfalls bestreiten können. Gegenwärtig seien 7000 Mann französische Truppen im Saargebiet. — Ließ also die Regierungskommission ihre frühere Ansicht, daß die Beibehaltung der französischen Truppen eine vorläufige Maßnahme darstelle, fallen, der Völkerbund folgte ihr jedoch nicht auf diesem Wege. Der Berichterstatter Koo meinte zwar, der Rat habe keinen Grund, seine im Beschluß vom 13. Februar 1921 niedergelegte Haltung zu ändern. Die dauernde Unterhaltung einer fremden Garnison sehe aber dieser Beschluß nicht vor, sondern besage im Gegenteil, daß diese fortfallen soll, sobald die Entwicklung der örtlichen Gendarmerie die Feststellung ermögliche, daß fremde Hilfe für die Regierungskommission nicht mehr unerläßlich ist. Für den Gebrauch, den die Regierungskommission von dem ihr im Beschluß vom 13. Februar 1921 eingeräumten Rechte mache, sei sie aber dem Völkerbund verantwortlich und werde ersucht, in den laufenden Berichten, die sie dem Völkerbundrat zuleite, genaue Mitteilung über die Entwicklung der örtlichen Gendarmerie und die Aussichten auf eine Verringerung der französischen Truppen zu machen [2]).

Die weiteren Fragen betrafen die Militärgerichtsbarkeit. Der Beschluß des Völkerbundes nimmt somit zu den einzelnen Rechts-

[1]) Weißbuch, Seite 148. Das Schreiben ist leider nicht veröffentlicht.
[2]) Weißbuch, Seite 149.

fragen keine Stellung, sondern stellt nur die Rechtmäßigkeit und das Weiterbestehen seines Beschlusses vom 13. 2. 1920 fest, spricht aber mit aller wünschenswerten Deutlichkeit aus, daß die Beibehaltung der Truppen im Saargebiet keine Dauereinrichtung werden dürfe. Die Regierungskommission ließ die Aufforderung des Völkerbundrates nicht unbeachtet. In einem Brief vom 31. August 1921 teilte Präsident Rault mit, daß er „die Aufmerksamkeit der französischen Regierung auf die Zweckmäßigkeit einer Verminderung der Garnisontruppen im Saargebiet gelenkt", sich wegen dieser Angelegenheit auch persönlich nach Paris begeben habe, und soeben offiziell die Nachricht von einem Beschluß der französischen Regierung erhalten hätte, ein algerisches Schützenregiment aus dem Saargebiet zurückzuziehen [1]). Weniger Positives wußte er über die Entwicklung der lokalen Gendarmerie zu berichten: die Regierungskommission muß noch sehr darüber beraten (a besoin d'y réfléchir et de mûrment l'étudier), es werde in einem späteren Bericht darüber Mitteilung gemacht.

Bald darauf wurde auch das zweite im Saargebiet liegende algerische Schützenregiment zurückgezogen und durch weiße Jäger zu Pferde ersetzt, denn es war offenbar auch in Paris nicht unbeachtet geblieben, daß die Verwendung von farbigen Franzosen — besonders während des noch zu erwähnenden großen Streiks — gegen die Bewohner des Saargebiets in weiten Kreisen Aufsehen erregt hatte. Im März 1922 kam nun der in Aussicht gestellte Bericht über die Truppenstärke [2]). Er gab als Stärke für den 1. Februar 1920 10 020 Mann, für den 15. Juli 1920 7233 Mann und für den 1. Februar 1922 4509 Mann an, von denen aber als „Gefechtsstärke" nur 2736 Mann verfügbar seien, Angaben, deren Richtigkeit und Vollständigkeit von verschiedenen Seiten angezweifelt wurden. Tatsächlich ergab sich später auch, daß diese Vorwürfe nicht unberechtigt waren [3]). Auf die Anfrage der Reichsregierung vom 29. August 1922 nach einem

---

[1]) J. O., Heft 9, Nov. 1921, S. 965. Nach der Fassung des Berichtes lag die Bestimmung über die Zurückziehung nicht etwa in den Händen der Regierungskommission, sondern es bestimmte darüber die Pariser Regierung. Dies ist in dem Briefe Raults mit einer gewissen Auffälligkeit betont, die nicht ungewollt erscheint.

[2]) J. O., 1922, Heft 4, S. 319.

[3]) Bülow, S. 418, „So waren über den am 3. März 1922 dem Völkerbunde gemeldeten Bestand hinaus im Saargebiet anwesend: das 10. Pionier-Bataillon (in Saarbrücken), das 63. Feldartillerie-Regiment (in Saarlouis), ein „Parc de réparation d'Infanterie" und ein Artilleriedepot. Die beiden letzteren gehörten, obwohl in Saarlouis liegend, der Armée du Rhin an. Vgl. auch Seite 6 der Schrift: Die französische Politik im Saargebiet.

zur Rheinarmee gehörenden Artilleriepark in Saarlouis gab die Regierungskommission zwei Jahre lang überhaupt keine Auskunft, mußte aber im Schreiben vom 31. August 1924 auf wiederholte Anfrage der Reichsregierung dem Völkerbund gegenüber zugeben, daß dieser in ihrem Bericht nicht erwähnte Park tatsächlich im Saargebiet lag und der Rheinarmee unterstellt war. Auch die in Homburg liegenden französischen Truppenteile wurden, was erst 1927 in Erscheinung trat, in Berichten der Regierungskommission „vergessen". Über die Stärke der Armeegendarmerie brachte der Bericht nichts. Nach den Ausführungen Raults benötigte die Regierungskommission zur Bewachung der Eisenbahnen (nicht zur Verteidigung) 800 Mann, für die Bergwerke und zur Bewachung der Bevölkerung von 8 Städten mit mehr als 10000 Einwohnern 6 Bataillone Infanterie und 2 Batterien Artillerie — 4000 Mann, an Reserven müßten zur Disposition des Kommandanten stehen: 1 Infantrie-Regiment, 6 Esk. Kavallerie, 3 Battr. Artillerie und 100 Pioniere, zusammen 2950 Mann. Insgesamt seien also 7750 Mann erforderlich, um in allen Fällen die Ordnung im Saargebiet aufrecht zu erhalten!

Diese Entwicklung der Dinge veranlaßte die Reichsregierung zu einer Note vom 18. August 1922[1]), nachdem schon am 19. Juli 1922 im neu errichteten Landesrat (der übrigens lediglich begutachtende Stellung hat) die Sprecher der großen politischen Parteien sich gegen die Anwesenheit der französischen Truppen gewandt hatten[2]). Die Stärke der saarländischen Gendarmerie soll — führt die Note aus — gegenwärtig 144 Mann betragen, die französischen Truppen seien aber noch immer das Hauptmittel für die Aufrechterhaltung der Ordnung im Saargebiet. Bei dieser Lage der Dinge könne die Angelegenheit nicht länger mit Stillschweigen übergangen werden. Die Note streift dann die bekannten Argumente gegen die Anwesenheit fremder Truppen im Saargebiet und hebt besonders hervor, daß es dem Grundsatz der Selbständigkeit der Verwaltung des Saargebietes widerspreche, wenn eine so wichtige Verwaltungsangelegenheit, wie die Aufrechterhaltung der Ordnung, im wesentlichen von französischen Truppen wahrgenommen werde. Die Schwierigkeiten, auf die von seiten der Regierungskommission des Saargebiets hingewiesen werde, könne die deutsche Regierung aus eigener Erfahrung würdigen. Auch sie habe eine vollständige Umgestaltung der eigenen Gendarmerie auf Grund des gleichen Vertrags vornehmen müssen. Im übrigen kenne die deutsche Regierung die Bevölkerung des Saar-

---

[1]) J. O., 1922, Heft 11, Seite 1126.
[2]) J. O., 1922, Heft 9, Seite 1044 und ff.

gebiets gut genug, um sagen zu können, daß diese mit Freuden die finanziellen Lasten für die Unterhaltung einer Gendarmerie auf sich nehmen wird, wenn ihr dafür die viel schwerer empfundenen moralischen Lasten genommen werden, die die Anwesenheit fremder Truppen bedeutet. Schließlich macht die Note nochmals auf den Charakter des Saargebiets als Abstimmungsgebiet und auf die sich hieraus ergebenden Folgerungen aufmerksam.

Diese Note veranlaßte einen Brief[1]) des Präsidenten Rault an den Völkerbund (22. September 1922), mit welchem er sich gegen die Ausführung der deutschen Regierung wendet und seine Ansicht über den Sinn des § 30 des Saarstatuts wiederholt. Es sei die wichtigste Aufgabe der Regierungskommission, die öffentliche Ordnung an der Saar sicherzustellen und den Bestimmungen des Friedensvertrages Geltung zu verschaffen, besonders Frankreich das Eigentum und den freien Genuß der Kohlenbergwerke im Saarbecken zu sichern, was angesichts der geographischen und wirtschaftlichen Verhältnisse ganz besonders schwer sei. Im Falle von Unruhen müsse die Regierungskommission über 4000 Saarlandjäger verfügen, darunter 500 berittene. Dies sei finanziell nicht tragbar. Wenn aber auch alle Schwierigkeiten gelöst wären, besonders auch die der Rekrutierung, so weise die Truppe doch alle Nachteile der regionalen Rekrutierung aus einem so kleinen Bezirk auf. Im Jahre 1920 beim Beamtenstreik habe gerade die Gendarmerie und die lokale Polizei ihre Posten verlassen. Was solle man übrigens mit 4000 Mann zur normalen Zeit? Es würden nur unnötig viele Hände der Arbeit ferngehalten und dazu noch eine Art freiwilliger Militärdienst eingerichtet, der nach den Bestimmungen des Saarstatuts verboten sei. Im übrigen möge man der Regierungskommission die Freiheit der Entscheidung — ganz im Sinne des § 33 — lassen. Die Zahl der Landjäger wurde auf 155 Mann angegeben.

Eine deutsche Note vom 6. Dezember 1922 nimmt zu diesen Ausführungen nochmals Stellung[2]) und betont, daß die Regierungskommission auf den Charakter des Saargebiets als Abstimmungsgebiet nicht eingehe, auch den Grundsatz der Selbständigkeit der Verwaltung nicht beachte. Dieser gelte aber besonders für die Aufrechterhaltung der Ordnung und des Schutzes für Person und Eigentum, ja sogar in erhöhtem Maße, denn nach § 30 sei es ausdrücklich S a c h e d e r R e g i e r u n g s k o m m i s s i o n hierfür zu sorgen. Das Gebot der Selbständigkeit der Verwaltung habe die Regierungs-

---

[1]) J. O., 1922, Heft 11, S. 1129.
[2]) Abgedruckt Anlage Nr. 1.

kommission wiederholt selbst hervorgehoben, als sie von Deutschland die Zurückziehung zweier kleiner Kommissionen, die deutscherseits im Zusammenhang mit der Übergabe der Kohlengruben an Frankreich in Saarbrücken eingesetzt waren, mit der Begründung forderte, daß die Anwesenheit von Beamten, die der deutschen oder preußischen Regierung unterständen, mit dem Friedensvertrag unvereinbar sei [1]). Da der Schutz von Personen und Eigentum nur einen Teil der Aufrechterhaltung der Ordnung bilde, die nach § 30 Absatz 2 nur durch eine örtliche Gendarmerie aufrecht erhalten werden solle, habe es in dem folgenden Absatz keiner Bestimmung mehr darüber bedurft, mit welchen Mitteln im Saargebiet Personen und Eigentum zu schützen sind. Das ergebe auch ein Vergleich mit dem § 21, in dem es sich um den Schutz der Auslandsinteressen der Bewohner des Saargebietes handle, und wo der Zusatz „mit den Mitteln und unter den Bedingungen, die ihr angemessen erscheinen" ausdrücklich gemacht sei. Daß ein solcher im § 30 fehle, bestätige die Richtigkeit des deutschen Rechtsstandpunktes.

Dann bemerkte die Note zu § 33: „Aus der Befugnis, gewisse Bestimmungen auszulegen, kann niemals das Recht hergeleitet werden, mit einer Bestimmung in einer Weise zu verfahren, die ihrem klaren Wortlaut widerspricht." Erwägungen praktischer Art dürften nicht dazu führen, eine so wichtige Vertragsbestimmung unausgeführt zu lassen. Auch Deutschland müsse in seinen wichtigsten Kohlen- und Industriegebieten ohne Militär auskommen und dürfe gegenwärtig im besetzten rheinischen Gebiet das Gendarmeriepersonal nur aus der ortsansässigen Bevölkerung entnehmen.

Am 29. 12. 1922 reichten auch die politischen Parteien des Saargebiets, nämlich die Zentrumspartei, die vereinigte sozialdemokratische Partei, die liberale Volkspartei, die kommunistische Partei und die deutsch-demokratische Partei beim Völkerbund eine Denkschrift ein, in der sie die Beseitigung des französischen Militärs verlangten. Sie führten aus, daß die Saarbevölkerung durchaus nicht zu Unruhen geneigt sei, wie die Regierungskommission immer darstelle. Ihr Charakter zeichne sich durch eine besondere Liebe zur Heimat aus und durch eine wohl in keinem anderen Industriegebiet gekannte Seßhaftigkeit. Ein großer Teil der im Saargebiet wohnenden Berg- und Hüttenleute besitze eigene Häuser und eigenen Grund und Boden. Vom Jahre 1891 bis 1918 sei es zu keinem einzigen

[1]) Der Notenwechsel in dieser Frage ist im Weißbuch, S. 114 ff., veröffentlicht. Rault erklärte damals, daß die Anwesenheit solcher Beamten „zu den schwersten Bedenken" Anlaß gebe. Diese Bedenken bestanden für ihn nicht hinsichtlich der franz. Gendarmen und Soldaten.

bedeutsamen Streik im Saargebiet gekommen. Bei den Unruhen von 1919, hervorgerufen durch die Ausbeutung der Bevölkerung durch fremde Wucherer, wäre durch die Polizei Ordnung geschaffen worden, wenn man ihr Handlungsfreiheit gelassen hätte. Der Beamtenstreik von 1920, der in vollkommener Ruhe verlief, war ein Protest gegen die Vergewaltigung der Beamtenrechte durch die Regierungskommission. Es bestände daher kein Bedürfnis für 4000 Mann Polizei. Rekrutierungsschwierigkeiten gäbe es nicht, denn die Zahl der Eintrittsgesuche sei außerordentlich groß. Die Anwesenheit der französischen Truppen habe die Beschlagnahme von Schulen zur Folge und verschärfe den Wohnungsmangel. In Wirklichkeit dienen die Truppen lediglich der französischen Propaganda.

Die französische Regierung äußerte sich zu diesen Fragen nicht offiziell, hatte es auch gar nicht nötig, denn ihren Standpunkt vertrat bereits der Präsident und die Mehrheit der Regierungskommission, die bei ihren Beschlüssen auf das Interesse und die Stellungnahme Frankreichs Rücksicht nahmen. Dies geht mit aller Klarheit aus späteren Äußerungen der Regierungskommission hervor, besonders aus dem Beschluß vom 18. Februar 1926[1]), in dem auf die Zustimmung Frankreichs zur Entfernung der Garnisontruppen unter gewissen Voraussetzungen aufmerksam gemacht wird, ohne daß von einem formellen Schritt der französischen Regierung bei der Regierungskommission etwas bekannt geworden wäre.

Nach dieser eingehenden und allseitigen Erörterung der einzelnen Fragen wäre der Fall zur Entscheidung durch den Völkerbund reif gewesen. In seiner Sitzung vom 1. Februar 1923[2]) trug der Berichterstatter Tang Tsai-Fou den Streitfall vor. Ausgehend von den Entschließungen des Rates vom 13. 2. 1920 und 20. 6. 1921 legte er die Rechtsauffassung der deutschen Regierung und der Regierungskommission des Saargebietes dar, sowie die Stellung der politischen Parteien des Saargebietes und schlug unter Verzicht auf eine eigene Stellungnahme folgende Resolution vor, die einstimmig Annahme fand: „Der Rat bestätigt seine Beschlüsse vom 13. Februar 1920 und 20. Juni 1921 und ersucht die Regierungskommission, alle Maßnahmen zu ergreifen, die sie für eine Vermehrung der lokalen Gendarmerie für nützlich halte. Der Rat wird in der nächsten Sitzung Kenntnis nehmen von dem Programm, das die Regierungskommission unterbreiten wird."

---

[1]) J. O., 1927, S. 599.

[2]) J. O., 1923, Heft 3, S. 229, 361 und Heft 2, S. 147.

Der schwedische Vertreter Branting wies noch in einer besonderen Erklärung darauf hin, daß der Rat schon einmal eine Entschließung in dem genannten Sinne angenommen habe und gab der Hoffnung Ausdruck, daß das Programm der Regierungskommission die progressive Zurückziehung der französischen Truppen in naher Zukunft zur Folge habe.

Am 8. März 1923 reichte Rault seinen Plan über die Entwicklung der lokalen Gendarmerie beim Völkerbund ein [1]), nach welchem im laufenden Haushaltsjahr (April 1923—März 1924) in 4 Kursen je 50, somit insgesamt 200 Landjäger, davon 25 Berittene, ausgebildet werden sollen. Im weiteren betonte er die schwierige Lage im Saargebiet und gab Details über die Art der Zusammensetzung, Garnisonierung und Kosten der Landjäger. Von diesem Vorschlag nahm der Völkerbundrat in seiner Sitzung vom 23. April 1923 Kenntnis (Berichterstatter Tang Tsai-Fou) und verlangte einen weiteren für das Budgetjahr 1924—1925 [2]).

Inzwischen hatte sich die Regierungskommission des Saargebiets wegen ihrer berüchtigten Notverordnung vom 7. März 1923 die heftigste Kritik der öffentlichen Meinung vieler Länder zugezogen. Zur Zeit eines Bergarbeiterstreiks im Saargebiet und des Ruhrkampfes erließ sie nämlich eine Verordnung mit dem Titel: „Notverordnung betr. Aufrechterhaltung der Ordnung und Sicherheit im Saargebiet unter entsprechender Anwendung der Vorschriften des deutschen Reichsgesetzes zum Schutze der Republik vom 21. Juli 1922 [3])," über deren politische Tendenz wohl am besten der Artikel 2 Ziffer a und b unterrichtet, dessen Zweck unverkennbar ist:

„Mit Gefängnis bis zu 5 Jahren, neben den auf Geldstrafe bis zu 10 000 Franken erkannt werden kann, wird bestraft, wer öffentlich oder in einer Versammlung

a) den Friedensvertrag von Versailles verächtlich macht,

b) ferner wer

1. den Völkerbund, dessen Mitglieder oder die Signatarmächte des Friedensvertrages von Versailles,
2. die Regierung des Saargebietes, ihre Mitglieder oder die von ihr getroffenen Einrichtungen oder die Beamten, welche beauftragt sind, diese Einrichtungen durchzuführen oder in Gang zu halten,

beschimpft oder verleumdet."

---

[1]) J. O., März 1923, S. 229.

[2]) J. O., Juliheft 1923, S. 682.

[3]) Amtsblatt Nr. 5, 1923, S. 49.

Nach Artikel 5 derselben Verordnung konnte sogar eine Verfolgung auch dann stattfinden, wenn die Tat außerhalb des Saargebietes begangen war. Für zuständig zur Aburteilung der im Artikel 2 bezeichneten strafbaren Handlungen wurden nicht etwa die ordentlichen Gerichte erklärt, sondern ein in erster und letzter Instanz bei dem Obersten Gerichtshof in Saarlouis eigens errichteter Strafsenat, dessen Mitglieder vom Präsidenten der Regierungskommission jährlich ernannt werden sollten.

Diese in der bisherigen staats- und völkerrechtlichen Praxis einzig dastehende Verordnung[1]), die übrigens durch die Verordnung betr. Maßnahmen zur Aufrechterhaltung der öffentlichen Sicherheit im Saargebiet vom 18. Juni 1923 ersetzt werden mußte, erfuhr allseitige Ablehnung durch die Völkerbundstaaten, mit Ausnahme von Frankreich und Belgien. Im englischen Parlament wurde die Tätigkeit der Regierungskommission weit schärfer kritisiert[2]) als jemals in einem deutschen Parlament, auch Branting (Schweden) äußerte sich besonders abfällig[3]). Die moralische Be-

[1]) Die Verordnung Raults geht weiter als die Bestimmungen des italienischen Gesetzes vom 25. November 1926, das in Art. 5 den Bürger, der außerhalb des Staatsgebietes falsche, übertriebene oder tendenziöse Gerüchte oder Nachrichten über die internen Verhältnisse des Staates verbreitet oder mitteilt, um den Kredit oder das Ansehen des Staates nach außen zu schmälern, mit Strafe bedroht. (Legge 25 nov. 1926, n. 2008. Provvedimenti per la difesa dello stato in Le leggi etc. anno 1926. Gazetta officiale 6 dicembre 1926, n. 281, S. 1413.) Im Gesetzentwurf war ursprünglich gemäß Art. 6 dieselbe Strafe für den Ausländer vorgesehen, doch wurde, vermutlich auf Vorstellungen seitens Frankreich und Großbritannien, diese Bestimmung nicht Gesetz (Il popoli d'Italia vom 6. Nov. 1926.) Nach den Bestimmungen der Notverordnung vom 7. März 1923 machte sich aber jedermann (einerlei welcher Staatsangehörigkeit) strafbar, wenn er im Saargebiet oder außerhalb einen Mitgliedsstaat des Völkerbundes oder eine Signatarmacht des Versailler Vertrags beschimpfte oder verleumdete oder den Versailler Vertrag verächtlich machte.

[2]) Engl. Unterhaus Vol. 163 Nr. 56, S. 2629—2744. Unter anderem wurde ausgeführt: Mr. Asquith: „Ein schlimmerer Schlag hat das moralische Ansehen des Völkerbundes nie seit seinem Bestehen betroffen. Er hat sein Prestige erschüttert und die Deutschen berechtigt, zu sprechen, wie sie es tun. Deutschland sagt: Der Völkerbund, wie er jetzt geschaffen ist und arbeitet, ist ein Wahngebilde, eine Posse, ein Betrug. Er wird in Bewegung gesetzt von Franzosen und von ihnen beherrscht."

L. Rob. Cecil: „Ich habe die ernstesten Zweifel, ob man diese Regierungskommission je dazu bringen wird, in wirklich befriedigender Weise zu arbeiten.

Buxton: „Wir wissen, daß die Freiheit dieser Leute (im Saargebiet. A. d. V.) täglich mit Füßen getreten wird, daß sie keinerlei politische Rechte haben."

[3]) Er bezeichnete einem Vertreter des schwedischen Blattes „Socialdemokraten" gegenüber die Strafbestimmungen als unsinnig, die Verordnung

lastung des Völkerbundes erschien vielen Kreisen so untragbar, daß England eine Generalprüfung der Verhältnisse im Saargebiet vorschlug [1]). Bei der Diskussion über den englischen Antrag im Völkerbundrat erwähnte Lord Robert Cecil gerade auch die Truppenfrage, bei deren Erledigung die Regierungskommission Langsamkeit an den Tag gelegt habe und man hoffen müsse, daß nunmehr ein Zeitpunkt vorgesehen werden könne, an dem die Aufrechterhaltung der Ordnung ausschließlich der Gendarmerie anvertraut werde. Der Franzose Hanotaux stemmte sich einer Generalprüfung mit den Worten entgegen, es handle sich lediglich um eine heftige Propaganda und Kampagne gegen die Regierungskommission, man arbeite mit Schlagwörtern, doch kenne er die Fabrikmarke, während Branting darauf aufmerksam machte, daß man die gewählten Vertreter des Saarvolkes doch nicht als Agenten der Propaganda bezeichnen könne. Die Nachprüfung wurde beschlossen.

In der Sitzung vom 6. Juli 1923 [2]), bei der auch die Mitglieder der Regierungskommission anwesend waren, kam die Saartruppenfrage zur Verhandlung. Lord Cecil erinnerte daran, daß die Anwesenheit französischer Truppen ein anormaler Zustand sei, der nicht länger dauern dürfe, als notwendig sei. Hanotaux versuchte die bisherigen Beschlüsse des Rates dahin abzubiegen, daß die Anwesenheit vom Völkerbundrat gebilligt worden sei, somit keine Rechtswidrigkeit darstelle, worauf Cecil nochmals hervorhob, daß die französischen Truppen nur eine Ergänzungsmacht seien, die nicht endlos bleiben dürfe. Hier suchte nun Rault, wie schon öfters, die Truppenfrage der Entscheidung durch den Völkerbundrat zu entziehen, indem er auf den § 33 hinwies, nach dem die Regierungskommission das Recht habe, den § 30 bindend für Deutschland und Frankreich zu interpretieren. Cecil lehnte dies Verfahren als unbefriedigend ab, und stellte nunmehr die Frage, die eigentlich schon lange hätte gestellt werden müssen: Kann Herr Rault dem Rate sagen, bis zu welchem Augenblick die Gendarmerie soweit organisiert ist, daß die französischen Truppen entlassen werden können? Rault

---

führe zu den absurdesten Konsequenzen, Präsident Rault scheine einem Druck von Paris nachgegeben zu haben. (Saarfreund 1923, Seite 143.)

[1]) J. O. 1923, S. 859, 939. Die englische Regierung benachrichtigte von ihrem Schritt alle im Völkerbund vertretenen Mächte durch eine Note. In einer mündlichen Besprechung teilte hierauf — dem „Temps" zufolge — der französische Botschafter Lord Curzon mit, daß sich die französische Regierung (!) bereit erkläre, die Notverordnung in dem vom englischen Parlament gewünschten Sinne abzuändern (Saar-Freund 1923, S. 155). Der sich daran anknüpfende Notenwechsel ist leider nicht veröffentlicht.

[2]) J. O. 1923, Seite 908 ff.

erklärte, gegenwärtig darauf nicht antworten zu können und versuchte, den Rat einzuschüchtern. „Wenn der Rat eines schönen Tages vernehmen würde, daß die Mitglieder der Regierungskommission von Aufrührern gefangen gesetzt worden sind, so würde er sich in einer ziemlich schwierigen Situation befinden." Zur normalen Zeit brauche man 2000–3000 Mann, darunter 500 Berittene. Sonst seien 4000 nötig[1]). Das praktische Ergebnis dieser Besprechungen war äußerst mäßig, wieder – am 7. Juli 1923 – wurde eine der berühmten Entschließungen angenommen[2]), in der es zur Truppenfrage heißt: Hinsichtlich der Frage der Aufrechterhaltung der Ordnung hat der Rat schon mehrfach erklärt, daß es „wünschenswert (souhaitable) ist, den Schutz der fremden Garnisonen zu entbehren sobald es die Entwicklung der lokalen Gendarmerie erlaubt." Die Rechtslage erschien nun noch unklarer als vorher, einer rechtlichen Klärung war der Völkerbundrat ausgewichen.

Dem Ersuchen des Völkerbundrates um Vorschläge für den Ausbau der Gendarmerie kam Rault am 15. Februar 1924 nach, sein Bericht ist allerdings etwas eigenartig. Geplant war ursprünglich die Einstellung von je 500 Gendarmen für die Jahre 1924, 1925 und 1926, die Gesamtkosten für das Jahr 1924 wurden auf 11 416 269 Francs errechnet. Beigefügt war dem Bericht eine besondere Stellungnahme des mit den Finanzen betrauten Mitglieds der Regierungskommission, Stephens, der infolge finanzieller Schwierigkeiten eine Herabsetzung der Einstellungsziffer auf 200 Mann für das Jahr 1924 vorgeschlagen habe. Mit vier Stimmen bei einer Enthaltung habe die Regierungskommission diesen Vorschlag angenommen. Eine dem Bericht der Regierungskommission zustimmende Erklärung wurde in der Sitzung des Völkerbundrates vom 11. März 1924 durch den Berichterstatter Salandra vorgeschlagen[3]), Lord Parmoor machte jedoch darauf aufmerksam, daß alle Parteien des Landesrates im Saargebiet erklärt hätten, einen Steuerzuschlag übernehmen zu wollen, falls sofort 500 neue Gendarmen eingestellt würden. In seiner Eigenschaft als Vertreter des Britischen Reiches dringe er (Parmoor) auf eine möglichst schnelle Vermehrung der Gendarmerie, damit Frankreich seine Truppen in absehbarer Zeit zurückziehen könne. Daraufhin gab Rault eine Übersicht über die Verminderung der Truppen seit 1920 und erklärte es für völlig ausgeschlossen, mit 1000 Mann die französischen

---

[1]) Die Zahl steigt also immer höher. Anfangs genügten im Verein mit der französischen Gendarmerie zur normalen Zeit 30 Landjäger.

[2]) Vgl. besonders J. O. 1923, S. 916, 930.

[3]) J. O. 1924, S. 505 und 582.

Bergwerke schützen zu können. Die finanzielle Lage lasse eine erhöhte Einstellung von Gendarmen aber nicht zu. Stephens unterstützte diese Ansicht [1]). Nach längerer Debatte kam man schließlich zur Annahme einer Resolution, in der vom Vorschlag der Regierungskommission zustimmend Kenntnis genommen wird, ferner ein Programm für 1925/26 und (auf engl. Vorschlag hin) verlangt wird, daß für den Fall einer Besserung des Budgets noch während des laufenden Jahres die Regierungskommission die Vermehrung der Gendarmerie einer neuen Prütung unterziehe. Diese Resolution zeigte auch bald den Erfolg, daß Rault in einem Briefe vom 29. April 1924 [2]) dem Völkerbundrat mitteilte, infolge des Vorschlages Stephens habe die Regierungskommission beschlossen, 400 Gendarmen für das Jahr 1924/25 einzustellen. Die lokale Gendarmerie werde also am Schlusse des Budgetjahres 1924/25 755 Mann zählen.

Am 30. Mai 1924 protestierte die Reichsregierung erneut gegen die Anwesenheit der französischen Truppen im Saargebiet [3]). (Die Erhöhung von 200 auf 400 Mann war in der Note noch nicht berücksichtigt.) Je näher der Tag der Abstimmung rücke, um so dringlicher werde die Entfernung des französischen Militärs. Während der Frist bis zur Abstimmung müsse die Bevölkerung von dem ständigen schweren moralischen Druck befreit werden, den die Anwesenheit französischer Truppen für sie darstelle. Der Hauptmangel des gegenwärtigen Zustandes liege darin, daß ein Ende nicht abzusehen sei. Rault beantwortete diesen Protest dem Völkerbund gegenüber mit den bekannten Gründen, hielt jedoch nunmehr 3000 Mann für ausreichend. Die Rekrutierung würde übrigens schwieriger, weil die Leute über ihre Zukunft nach dem Jahre 1935 besorgt seien; die Unterhaltung von 3000 Gendarmen werde dem Lande etwa 50 Millionen kosten [4]).

Am 6. August 1924 reichten politische Parteien des Saargebiets erneut ein Memorandum über die Anwesenheit der französischen Truppen ein, nachdem schon Dr. Sender am 28. April im Landesrat die Abberufung der Truppen verlangt hatte, und mit Note vom 22. August 1924 ging die Reichregierung auf die Argumente der Regierungskommission besonders hinsichtlich der Kosten für die

---

[1]) Branting bezeichnete im Laufe der Debatte die Truppen als „Besatzungstruppen", was den Widerspruch von Hanotaux herausforderte. Das sei eine Bezeichnung, deren sich die Propaganda bediene.

[2]) J. O. 1924, S. 889.

[3]) J. O. 1924, S. 1058.

[4]) J. O. 1924, S. 1059.

Polizei ein[1]), indem sie zum Vergleich die viel geringeren Ausgaben in Deutschland für die Polizeibeamten heranzog, verlangte außerdem am 13. September die Zurückziehung eines in Saarlouis gelegenen Reparaturparks für Handfeuerwaffen, der, wie nunmehr auch die Regierungskommission zugab, der Rheinarmee unterstellt war, übrigens auch s. Z. bei der Angabe der Truppenstärke nicht berücksichtigt wurde[2]).

Wiederum war genug Stoff vorhanden, mit dem sich nunmehr zum 7. Male der Völkerbundrat in seiner Sitzung vom 19. September 1924 beschäftigte[3]). Der Berichterstatter Salandra setzte in der üblichen Weise Gründe und Gegengründe auseinander. Man suchte auch dieses Mal vergeblich nach einer Lösung und nahm eine Entschließung an, die Regierungskommission solle Auskunft darüber geben, ob bzw. welche Kommunal- und Munizipalpolizisten, Waldhüter, usw. im Notfall oder bei besonderer Gelegenheit zur Aufrechterhaltung der Ordnung beigezogen werden könnten. Vielleicht sei es möglich, diese Kräfte zu einer Art Reservekorps zusammen zu stellen. Offensichtlich war der Rat durch die Ausführungen der politischen Parteien in ihrer Denkschrift vom 6. August 1924 zu diesem Schritt angeregt worden, weil in der genannten Denkschrift auf die unter dem Einfluß der Regierungskommission stark entwickelte Ortspolizei aufmerksam gemacht worden war, die ebenfalls bei der Berechnung der Sollstärke für die Gendarmerie mit herangezogen werden müsse. Beispielsweise gäbe es allein in Saarbrücken 233 Schutzleute, die von dem (französischen) Chef der Obersten Polizeiverwaltung befehligt würden, im übrigen Saargebiet weitere 200 Mann. — Der Bericht Raults vom 17. Februar 1925 machte auch diesen Ausweg zunichte[4]). Die kommunale Polizei sei unzureichend und versehe nur Kriminaldienste, im Falle von Unruhen würden die Waldhüter in den Wäldern zur Verhütung von Waldfrevel besonders benötigt und seien die Eisenbahnpolizei ebenso wie das Bergwerksaufsichtspersonal auf ihrem Posten nötiger denn je; Grenzwächter gäbe es im Saargebiet nicht. Dazu käme noch die Ungeeignetheit und Ungeschultheit solcher Hilfskräfte. Im übrigen werde die lokale Polizei (Saarlandjäger) am 31. März 1926 die Zahl von 1005 Mann erreicht haben.

---

[1]) Abgedruckt Anlage Nr. 2.

[2]) Abgedruckt Anlage Nr. 3.

[3]) J. O. 1924 S. 1310.

[4]) J. O. 1925, S. 559.

In der Sitzung vom 13. März 1925 trug Scialoja dieses Ergebnis vor, dazu noch den Inhalt einer deutschen Note vom 19. 2. 1925[1]), in der erneut und sehr energisch verlangt wurde, daß der Rat dem Versailler Vertrag und seinen eigenen Beschlüssen Geltung verschaffe. Chamberlein, der Präsident des Völkerbundrates, stellte nunmehr an Rault die Frage, ob es nicht möglich und opportun sei, die französischen Truppen aus dem Saargebiet zurückzuziehen und ausreichenderweise in der Nähe der Grenze zu halten, damit sie im Notfalle sofort herangezogen werden könnten. Rault antwortete ausweichend, schloß seine Rede aber mit den bedeutsamen Worten: „Die Stunde ist noch nicht gekommen, um diesen Text (§ 30) zu interpretieren, aber man kann diese Frage studieren, um schließlich eine annehmbare Lösung mit dem Rate zu finden." In der Sitzung vom 14. März 1925 wurde sodann eine Resolution angenommen, die die Vermehrung der Gendarmerie um 250 Einheiten für das Jahr 1925/26 vorsah und an die Regierungskommission das Ersuchen richtete, einen Bericht auszuarbeiten, wie unter Anwendung des § 30 Personen und Gut im Saargebiet geschützt werden können. In diesem Bericht sollte die Möglichkeit berücksichtigt werden, daß die Truppen auch außerhalb des Saargebiets stationiert werden könnten.

Damit war endlich die Frage in das entscheidende Stadium gebracht. In einem Bericht vom 28. Januar 1926 teilte die Regierungskommission mit[2]), daß in normalen Zeiten die gegenwärtige Stärke der lokalen Polizei ausreichend erscheine, daß allerdings diese Zahl bei außergewöhnlichen Fällen nicht genüge. Das Saargebiet sei gebirgig, und seine Wälder begünstigen geheime Versammlungen. Niemals würden aber die Mittel es erlauben, die für nötig angesehene Zahl von 3000 Gendarmen zu unterhalten. Noch einmal betont der Bericht die Auslegung der Regierungskommission zu den §§ 30 und 33 und schließt mit der Wendung, daß nur die Möglichkeit, außerhalb des Saargebietes liegende Truppen heranziehen zu dürfen, es ihr ermögliche, eine der wichtigsten Pflichten zu erfüllen, die ihr der Friedensvertrag auferlege. Die Entfernung der französischen Truppen, die nach dem Bericht nunmehr nur noch aus einem Infanterie- und einem Kavallerieregiment bestanden, hätte somit erfolgen können.

In diesem Augenblick brachte der Vertreter Italiens, Bonin-Longare, im Rat eine Entschließung ein, die die Entfernung der

---

[1]) J. O. 1925, S. 562.

[2]) J. O. 1926, S. 527.

französischen Truppen von einer neuen, bisher noch nicht geltend gemachten Bedingung abhängig machte [1]). Über sie wird weiter unten noch zu sprechen sein.

### b) Rechtliche Würdigung.

Mit der Frage, ob die Anwesenheit französischer Truppen im Saargebiet mit den Bestimmungen des Versailler Vertrags vereinbar ist, hat sich die Theorie bisher nur kurz befaßt.

Wehberg [2]) läßt unerörtert, ob in den ersten Monaten der Tätigkeit der Regierungskommission französisches Militär und französische Gendarmerie im Saargebiet belassen werden durften. „Aber jedenfalls stellt das Verbleiben französischen Militärs nach vierjährigem Inkrafttreten des Versailler Friedensvertrags eine äußerst schwere Verletzung des Friedensvertrags dar. Ohne Zweifel hat die Regierungskommission für den Schutz der Person und des Eigentums im Saargebiet zu sorgen. Aber da die Kommission auch neutrales Zwischenglied zwischen Deutschland und Frankreich ist, darf sie nicht dem Militär des einen Staates, der das Land sich früher oder später anzueignen trachtet, die Aufrechterhaltung der Ordnung überlassen."

Auch v. Roenne [3]) ist der Ansicht, daß Frankreich keine Truppen im Saargebiet halten darf, denn das Saargebiet ist deutsches Gebiet, daher die Ausübung einer fremden Militärhoheit ausgeschlossen.

Andres [4]), der sich eingehender mit der Frage beschäftigt, kommt zu dem Schluß: „Es kann kein Zweifel sein, daß sich die Regierungskommission und Frankreich hierdurch der gröbsten Gesetzes- und Vertragsverletzung schuldig machen. ... Durch § 30 ist die Ausübung jeder Militärhoheit im Saargebiet untersagt, aber nicht nur der deutschen Militärhoheit, sondern auch einer französischen oder irgendeiner anderen."

Rausch [5]) nennt die dauernde Anwesenheit des französischen Militärs „die sinnfälligste Verletzung des Versailler Vertrags."

Ebenfalls ablehnend spricht sich Frank [6]) aus.

---

[1]) J. O. 1926, S. 527.

[2]) Wehberg, Seite 25.

[3]) v. Roenne, Das Saarbeckenabkommen. Göttinger Dissertation, Frankfurt 1920, S. 41.

[4]) Andres, S. 73.

[5]) Rausch, Die Saarpolitik Frankreichs, Berlin 1923, Seite 26.

[6]) Frank, Artikel Saargebiet im Wörterbuch des Völkerrechts und der Diplomatie, 3. Band, Seite 132.

Ausführlicher behandelt der Franzose Allot[1]) die Frage, seine umfangreicheren Darlegungen beschränken sich jedoch im wesentlichen auf die Wiedergabe der Rechtsausführungen und Haltung der beteiligten Parteien, wobei er ohne nennenswerte Abweichungen der Haltung der Regierungskommission zustimmt. Coursier[2]) bringt nichts Neues, ebensowenig Priou[3]), Redslob[4]) begnügt sich mit einer kurzen Bemerkung. Sie alle billigen ebenfalls den Standpunkt, den die Regierungskommission, vor allem ihr Präsident Rault vertrat.

In der englischen Literatur bezeichnet Bisschop[5]) die Anwesenheit der französischen Truppen als eine „Quelle von Beunruhigungen. Die Ordnung im Saargebiet soll von einer lokalen Gendarmerie aufrecht erhalten werden, die sich aus einheimischen Kräften zusammensetzt." Zwar sei es für Frankreich angenehm, eine Verbindung zwischen Lothringen und der Rheinarmee zu besitzen, doch verstoße ein solcher Zustand gegen die Neutralität des Saargebiets. Ebenfalls ablehnend verhält sich Donald[6]), der eine Sonderstellung Frankreichs mißbilligt und erklärt, der § 30 sei verletzt worden. Die Regierungskommission habe kein Recht, ausländische Truppen herbeizurufen. Die fortgesetzte Beibehaltung der Truppen sei provokatorisch, zur Aufrechterhaltung der Ordnung sei die lokale Gendarmerie vorgesehen. Mit gleicher Begründung lehnt auch Osborne[7]) die Anwesenheit der französischen Truppen im Saargebiet als rechtswidrig ab.

Auch Frank M. Russell[8]), der die Frage der Anwesenheit französischer Truppen im Saargebiet behandelt, kommt Seite 240 ff. zu der Ansicht, daß die Regierungskommission sich mit möglicher Beschleunigung in die Lage bringen soll, in der sie ohne französische Truppen auskommt. „Es darf nicht zugelassen werden, daß die Gründe, die mit der französischen Militär-Strategie zu tun haben, vor der klaren Absicht des Vertrages in dieser Angelegenheit den Vorrang erhalten."

---

[1]) Allot, Le bassin de la Sarre, Paris 1924, S. 182—206, 129.

[2]) Coursier, S. 112.

[3]) Priou, Le territoire de la Sarre, Paris 1923, S. 41.

[4]) Redslob, Le statut international de la Sarre in Revue de droit international, Genf 1925.

[5]) Bisschop, The Saar controversy, London 1924, Seite 56 ff.

[6]) Donald, A danger spot in Europe, London 1925, Seite 65 ff.

[7]) Osborne, The saar question. London 1923, S. 113 ff. Er wendet sich S. 143 außerordentlich scharf gegen die Herrschaft des französischen M tärs im Saargebiet und spricht von einem „europäischen Marokko".

[8]) Russell, The international Government of the Saar. University of California Publications, Vol. 1, Nr. 2, 1926.

### aa) Allgemeine Grundsätze zur Auslegung der Bestimmungen über das Saargebiet.

Der Streit dreht sich im wesentlichen um die Auslegung des § 30, der aus dem Zusammenhang herausgerissen, zu Auslegungsschwierigkeiten Anlaß geben kann. Infolge der ungewöhnlichen und eigenartigen Stellung, die das Saargebiet im Friedensvertrag gefunden hat, sind viele völkerrechtliche Fragen aufgeworfen worden und Auslegungsschwierigkeiten zutage getreten. Manche Bestimmungen widerstreben jeglicher Subsumierung unter bestehende staats- und völkerrechtliche Begriffe. Man muß daher gerade bei der Auslegung von Fragen des Rechts im Saargebiet mehr als sonst den Sinn der einzelnen Bestimmungen aus dem Zusammenhang und dem Zweck der Gesamtregelung zu erforschen suchen, so sehr von einer Überschätzung des Wertes der Vertragsmotive zu warnen und der Wille der Parteien nur dann als erheblich anzusehen ist, wenn er im Vertrag irgendwo Ausdruck gefunden hat.

Die gegenwärtige Regelung der Saarfrage ist durch die Idee des Selbstbestimmungsrechts der Völker beeinflußt worden. Wenn auch einzelne Bestimmungen der positiven Rechtsordnung, wie sie im Versailler Vertrag niedergelegt sind, mit dem Postulat des Selbstbestimmungsrechtes nicht in Einklang zu bringen sind, ja ihm sogar entgegenstehen, so spricht doch die Gesamtregelung dafür, daß grundsätzlich den Bewohnern des Saargebiets die Möglichkeit gegeben werden sollte, sich zur gegebenen Zeit über ihre künftige staatliche Zugehörigkeit frei und unbeeinflußt zu entscheiden. *Im Zweifel sind daher alle Bestimmungen so auszulegen, daß das Ergebnis die freie Abstimmung nicht in Frage stellt.* Dies ergibt sich aus Artikel 47 des Versailler Vertrags, der die Annahme der Bestimmungen über die Volksabstimmung Deutschland und Frankreich zur Pflicht macht und auf die Regelung in Kapitel 3 des Saarstatuts hinweist. Dort ist in § 34, Abs. 4 ausdrücklich erwähnt, daß die Einzelheiten über die Abstimmung vom Rate des Völkerbundes so festgesetzt werden, daß eine freie, geheime und unbeeinflußte Stimmabgabe gesichert ist. Auch in ihren Noten über das Saargebiet haben die alliierten und assoziierten Mächte während der Versailler Friedensverhandlungen wiederholt darauf hingewiesen, daß die Bevölkerung die *volle Freiheit* haben wird, darüber zu entscheiden, ob sie die Vereinigung mit Deutschland oder Frankreich oder die Fortsetzung des im Vertrag vorgesehenen Regimes vorzieht [1]). Sinn dieser

---

[1]) Note und Mantelnote vom 16. Juni 1919.

Regelung kann natürlich nicht sein, daß die freie und unbeeinflußte Stimmenabgabe lediglich für den Abstimmungstag selbst zugesichert wird, vielmehr muß diese auch in der vorhergehenden Zeit bestehen, wenn die Abstimmung nicht eine reine Farce werden soll.

Diese Feststellung ist deshalb bedeutungsvoll, weil die Lage im Saargebiet besondere Komplikationen aufweist. Im Gegensatz zu den anderen Plebiszitgebieten, in denen die Abstimmung kurze Zeit nach Inkrafttreten des Versailler Vertrages vorgenommen werden mußte, soll hier die Entscheidung erst nach einer Frist von 15 Jahren fallen. Der Grund der Herausschiebung des Abstimmungstermins ist bekannt. Am Widerstande Lloyd Georges und Wilsons scheiterte die Forderung Frankreichs nach einer abstimmungslosen Annektion des Saargebietes, die in der Denkschrift der französischen Friedensdelegation [1]) zur Saarfrage (Januar oder Februar 1919) gefordert und mit geschichtlichen [2]) und wirtschaftlichen Ausführungen begründet war. Lloyd George wollte kein „neues Elsaß-Lothringen" schaffen, und Wilson hielt das geschichtliche Argument, das auch Deutschland Frankreich gegenüber in der elsaß-lothringischen Frage benutzt habe, für zu gefährlich, um es in der Saarfrage zur Anwendung zu bringen. Hingegen erklärte er sich bereit, in die Ausbeutung der Kohlengruben durch Frankreich für eine begrenzte Zeit einzuwilligen. Clemenceau verteidigte die Annektion, wobei er das Märchen erzählte, es gäbe im Saargebiet 150 000 Franzosen, die an Poincaré eine Adresse geschickt hätten. Doch vergeblich. Infolgedessen beschlossen Clemenceau, Loucheur und Tardieu in der Nachmittagssitzung vom 28. März 1919, für die Ausbeutung der Gruben ein politisches Sonderregime zu fordern und darauf zu dringen, daß die unter preußischer Herrschaft lebenden „Saarfranzosen" befreit würden. Der Niederschlag dieser Besprechung war die französische Note vom gleichen Tag [3]), in der die französische Friedensdelegation erklärte, wenn die Saarkohle sich unter dem Boden der Ruhr befände, würde Frankreich nichts weiter als die Kohle verlangen. So heische es mehr, weil der Boden der Saar französisch gewesen

---

[1]) Tardieu, La paix, Paris 1921, S. 279.

[2]) Auf die einzelnen Unrichtigkeiten dieser Denkschrift kann hier nicht näher eingegangen werden. Vgl. aber Ruppersberg, Geschichte des Saargebiets, Saarbrücken 1923; Görgen, Geschichte des Saarstatuts, S. 61 ff und Oncken im Weißbuch, S. 15 ff.

[3]) Tardieu, Seite 294; Weißbuch S. 7; Görgen, Die Geschichte des Saarstatuts von Versailles, S. 48 ff, wo eine Übersicht über den Gang der Verhandlungen gegeben ist.

sei. Allerdings sei auf diesem seit 100 Jahren germanisierten Boden die Mehrheit der Bevölkerung, weil eingewandert, deutsch. „Um die Zeit in voller Billigkeit das rückgängig machen zu lassen, was vor einem Jahrhundert mit Gewalt begangen worden ist, ist es angezeigt, die Frage der Souveränität über das Gebiet nicht anzuschneiden." Diese solle nach Ablauf von 15 Jahren entschieden werden und in der Zwischenzeit das Gebiet weder unter der Souveränität Deutschlands noch der Frankreichs stehen, sondern unter die Obhut des Völkerbundes kommen. Die Note fordert aber für Frankreich im Saargebiet noch besondere Rechte. Frankreich solle vom Völkerbund ein zweifaches Mandat erhalten: 1. Militärische Besetzung und 2. Aufsicht über oder Vetorecht in der Lokalverwaltung einschließlich Unterrichtswesen, Ernennung der Bürgermeister und Beigeordneten. Außerdem soll die französische Staatsangehörigkeit individuell und nach Prüfung des Falles den Personen verliehen werden, die darum nachsuchen; den Deutschen, die ihr Land verlassen wollten, sollten alle Erleichterungen für die Flüssigmachung des Besitzes gewährt werden. Wilson durchschaute die französische Absicht und verhielt sich deshalb ablehnend, trotzdem Haskins in einem Brief an ihn die Annektion des Saargebiets in den Grenzen von 1814 befürwortete. In wirtschaftlicher Hinsicht entschloß er sich jedoch, Frankreich das Eigentum an den Kohlengruben zu überlassen und der Schaffung von bestimmten Erleichterungen bei der Ausbeutung der Gruben und auf dem Gebiete des Verkehrs zuzustimmen. Nach weiteren Kämpfen und Konflikten, die durch die bekannte Krankheit Wilsons und die Krisis des 7. Aprils 1919 unterbrochen wurden, schloß sich Lloyd George im wesentlichen den Plänen Frankreichs an, das nunmehr die Schaffung eines unabhängigen Saargebietes, durch Zollunion mit Frankreich verbunden, forderte. Wilsons Gegenvorschlag vom 8. April 1919 ging dahin, die deutsche Souveränität und Verwaltung fortbestehen und Konfliktsfälle durch ein Schiedsgericht entscheiden zu lassen, wogegen wiederum in einer französischen Note vom gleichen Datum ausgeführt wird, daß eine solche Regelung eine große Gefahr für örtliche und allgemeine Verwicklungen in sich berge, Deutschland ein ständiges Mittel der Obstruktion gegen die französische Ausbeutung der Kohlengruben liefere und nicht die Garantien gewähre, die nach einer Unterdrückung von 100 Jahren für die Bevölkerung nötig seien. Frankreich sei jedoch mit einer Volksabstimmung nach 15 Jahren einverstanden, ebenso damit, daß mögliche Meinungsverschiedenheiten durch einen Schiedsgerichtshof entschieden werden. Trotzdem nunmehr Lloyd George die französischen Vorschläge voll und ganz angenommen hatte, ließ sich Wilson nicht vollständig von seinen Grundsätzen abbringen und machte den neuen Vorschlag, nach dem die schiedsgerichtliche Kommission in eine Verwaltungskommission des Völkerbundes umgewandelt werden sollte, die Mandatsübertragung an Frankreich lehnte er auch weiterhin ab. Auf dieser Grundlage wurde sodann in der Nacht vom 9. zum 10. April 1919 das Saarstatut von Tardieu, Haskins und Morlay fertiggestellt und dem Rate der Vier vorgelegt, der es in allen seinen Teilen billigte. Diese Entstehungsgeschichte ist für die Auslegung von Wert. Sie zeigt, daß Frankreich lediglich unter dem Gesichtspunkte einer wirtschaftlichen Entschädigung für die zerstörten französischen Gruben in Nordfrankreich Sonderrechte im Saargebiet eingeräumt erhielt, die mit der Ausbeutung der Gruben im Zusammenhang stehen[1]). Deshalb ist auch seine Vertretung in der Regierungskommission vorgesehen. Darüber hinaus ist aber Frankreich kein weiterer Einfluß eingeräumt, insbesondere die Mandatsübertragung mit Besatzungsrecht und Einfluß auf die Verwaltung abgelehnt worden.

Wohl ist als Konzession an die französischen Wünsche und Forderungen eine Volksabstimmung nach 15 Jahren vorgesehen. Doch wurde das Saargebiet der Obhut des Völkerbundes unterstellt und als Verwaltungsorgan die Regierungskommission vorgesehen, die nicht der französischen Regierung, sondern dem Völkerbund verantwortlich ist, worauf in den Noten der Alliierten ausdrücklich hingewiesen wurde. Die Pflicht des Völkerbundes und der Regierungskommission, ihr Amt unparteiisch zu führen, ergibt sich aus dieser Regelung ohne weiteres. Coursier[2]) sieht in den Bestimmungen „eine höchste Garantie für die Unparteilichkeit" der Regierungsführung. Wehberg[3]) spricht von einer „Forderung absoluter Neutralität" der Regierungskommission. Sicher ist, daß durch Einsetzung einer dem Völkerbund unterstellten Regierungskommission die Voraussetzung für eine unparteiliche, d. h. eine von Deutschland und Frankreich unabhängige Regierung geschaffen werden sollte.

---

1) Wehberg, Saargebiet, S. 10; Andres, S. 21.
2) Coursier, S. 124, ähnlich übrigens auch Allot, S. 49, Osborne, S. 14.
3) Wehberg, Saargebiet, Seite 11.

Der Bevölkerung sind neben den allgemeinen Freiheitsrechten, die als Schranken der Rechtsordnung in den meisten modernen Verfassungen, auch der 1918 im Saargebiet geltenden preußischen und bayerischen, Ausdruck gefunden haben, und die nur insoweit durch das Saarstatut als aufgehoben zu betrachten sind, als sie zu diesem oder anderen Bestimmungen des Versailler Vertrags im Widerspruch stehen [1]), noch bestimmte Rechte ausdrücklich garantiert. Diese schränken das freie Ermessen der Regierungskommission bei der Amtsführung ein und können, weil sie vertraglich festgelegt sind, auch vom Völkerbund nicht aufgehoben oder abgeändert werden. Hauptaufgabe der Regierungskommission ist es gem. Art. 46 des Versailler Vertrags, die Rechte und die Wohlfahrt der Bevölkerung sicher zu stellen, und nach der Erklärung der alliierten und assoziierten Mächte in der Antwortnote vom 16. Juni 1919 soll die Regierungskommission „keine andere Aufgabe und keine anderen Interessen haben, als die Sorge um das Wohlbefinden dieser Bevölkerung". Den bindenden Charakter dieser Zusicherung für die Auslegung des Saarstatuts hat der Völkerbundesrat dadurch anerkannt, daß er sie wörtlich in den Instruktionen für die Regierungskommission unter Punkt III aufnahm und dem Deutschen Reich von seinen Beschlüssen durch Note des Generalsekretärs des Völkerbundes vom 14. 2. 1920 Mitteilung machte.

Außerdem soll durch das gegenwärtige Regime das Recht Frankreichs auf Ausbeutung der Kohlenbergwerke sichergestellt werden, wie sich aus der Entstehungsgeschichte ergibt und im Art. 46 des Versailler Vertrages zum Ausdruck gebracht ist. Die Fassung dieses Artikels, in dem der Passus über die Rechte der Bevölkerung vorangestellt ist, berechtigt in Verbindung mit der Zusicherung der alliierten und assoziierten Mächte in ihren Noten über das Saargebiet zu der Schlußfolgerung, daß im Konfliktsfall die Rechte der Bevölkerung vorangehen, daß also die rein menschlichen und kulturellen sowie politischen Interessen nicht den wirtschaftlichen Rechten Frankreichs geopfert werden dürfen.

---

[1]) So auch Urteil Strafkammer Saarbrücken vom 19. 6. 1925; Bergemann, Die Gesetzgebung im Saargebiet, M.-Gladbach S. 23. Anderer Ansicht Lüttger, Das Recht der freien Meinungsäußerung im Saargebiet, Deutsche Juristen-Zeitung 1926, S. 645 und Artikel „Das Saargebiet" in Zeitschrift für Völkerrecht XIV. Band, 1927, S. 233, der aber aus anderen Erwägungen heraus ebenfalls das Fortbestehen der Grundrechte im Saargebiet annimmt.

Zusammenfassend kann somit gesagt werden: Im Zweifel sind alle Bestimmungen so auszulegen, daß das Ergebnis weder die Freiheit der künftigen Volksabstimmung unmöglich zu machen oder in einer im Versailler Vertrag nicht ausdrücklich vorgesehenen Weise zu beeinflussen geeignet ist, noch die Rechte und Pflichten der Regierungskommission einschränkt, die ihr das Saarstatut auferlegt, insbesondere die Pflicht einer unparteiischen, von Deutschland und Frankreich unabhängigen Regierungsführung. Das Ergebnis darf ferner die der Bevölkerung garantierten Rechte nicht verletzen, noch das Recht Frankreichs auf Ausbeutung und Verwertung der im Saargebiet liegenden, ihm gehörenden Gruben beeinträchtigen.

bb) Der Charakter als Abstimmungsgebiet.

Schon aus der Entstehungsgeschichte des Saarstatuts ergibt es sich, daß dem von deutscher Seite immer wieder hervorgehobenen Charakter des Saargebiets als Abstimmungsgebiet eine überragende Bedeutung zukommt, die ihre rechtliche Ausprägung in der Schaffung einer von Deutschland und Frankreich als den interessierten Mächten unabhängigen Regierungskommission und der Aufstellung besonderer Garantien für die Bevölkerung gefunden hat. Die Konsequenz, die sich hieraus für die Beurteilung der Truppenfrage ergab, liegt so klar auf der Hand, daß sich weitere Ausführungen erübrigen. Es kann nicht als Zufall angesehen werden, daß die Regierungskommission, die in anderen Fällen dieses Moment sehr gut zur Rechtfertigung ihrer Anordnungen zu gebrauchen verstand [1]), bei den umfangreichen Erörterungen in der Truppenfrage gerade diesen Punkt hartnäckig mit Schweigen überging. Wenn sie die künftige Abstimmung erwähnte, geschah es lediglich, um die Notwendigkeit einer möglichst starken Gendarmerie zu beweisen [2]). In anderem

---

[1]) So das Verbot, an den Jahrestagen der Schlachten von Spichern und Sedan, Regimentsfeiern abzuhalten, wie überhaupt die Abhaltung von Regimentsfeiern von besonderen Voraussetzungen abhängig gemacht wurde. Die Regierungskommission begründete diese Maßnahme mit der „Rücksicht auf den besonderen Charakter des Saargebiets", Verordnung vom 25. Juli 1927, Amtsblatt Nr. 29 v. 1. August 1927. Die Teilnahme an den Feiern anläßlich des achtzigsten Geburtstages des Reichspräsidenten von Hindenburg war den Beamten im Saargebiet gestattet, doch hatten sie „mit Rücksicht auf den besonderen Charakter des Saargebiets" und ihre daraus sich ergebende Stellung alles zu vermeiden, was durch ihre Teilnahme den von privater Seite veranstalteten Feiern einen amtlichen Charakter geben würde. (Beschluß vom 15. Sept. 1927).

[2]) J. O. 1922, S. 1128 ff.

Zusammenhang hat die Regierungskommission einmal anerkannt, daß auch vor dem Abstimmungstermin selbst die Abstimmungsfreiheit geschützt werden muß und in der berüchtigten, später wieder aufgehobenen Notverordnung vom 7. März 1923 bestimmt, daß mit Gefängnis bis zu 5 Jahren, neben den auf Geldstrafe bis zu 10 000 Franken erkannt werden kann, bestraft wird, „wer öffentlich oder in einer Versammlung Drohungen oder ehrenverletzende Kundgebungen äußert, welche geeignet sind, die freie und unbeeinflußte Stimmabgabe bei der Volksabstimmung gemäß § 34 der Anlage zu Abschnitt IV (Teil 3) des Friedensvertrages zu beeinträchtigen". (Art. 2, Ziffer c.) Jede unzulässige Beeinflussung von der Bevölkerung fernzuhalten, mußte aber in erhöhtem Maße für die Regierungskommission selbst und ihre Maßnahmen gelten. Diese hohe und verantwortungsvolle Aufgabe hat sie in der Truppenfrage offenbar verkannt, jedenfalls aber nie ausdrücklich anerkannt. Es ist dies übrigens nicht der einzige Fall. In einer Denkschrift [1]) politischer Parteien des Saargebiets sind außer ihrem Verhalten in der Truppenfrage nicht weniger als 12 Punkte zur Sprache gebracht, aus denen sich eine rechtswidrige Bevorzugung Frankreichs ergebe, u. a. die Ersetzung der Mark durch den Franken und die Schulpolitik der Regierungskommission.

Daß die Anwesenheit des französischen Militärs eine besonders schwere Durchbrechung des Grundsatzes der Neutralität des Gebietes darstellt und Frankreich Einflußmöglichkeiten verschaffte, die Deutschland versagt wurden, ist in deutschen Noten öfters hervorgehoben worden. Der moralische Wert der Anwesenheit ihres Militärs ist in den französischen Zeitungen stets zugegeben worden [2]). Man versprach sich von ihr vor allem die Beugung des Nationalstolzes der Deutschen im Saargebiet und erhoffte von der Anknüpfung persönlicher Beziehungen zwischen Militär und Landesbevölkerung Erfolg; die öffentliche Meinung in Frankreich sah darin sogar die Hauptaufgabe der Truppen [3]). In ähnlicher Richtung

---

[1]) Denkschrift der Demokratischen Partei, Deutschnationalen Volkspartei, Liberalen Volkspartei, Sozialdemokratischen Partei und Zentrumspartei vom 6. April 1922.

[2]) Z. B. Weißbuch, S. 133, Echo de Paris: Wenn man mit der Straßenbahn nach dem Park fährt, sieht man gleichzeitig das Denkmal des Kanzlers und den französischen Posten. Das ist von einer mächtigen erzieherischen Wirkung für den Boche (Pierre Deloncle).

[3]) Dem scheidenden algerischen Schützenregiment widmete die französische Presse Nachrufe und erklärte, daß es seine kulturellen Aufgaben im Saargebiet gut erfüllt habe. Vgl. Echo de Paris vom 13. 12. 1921: „Am besten hat sich

bewegt sich schon der Befehl des Generals Andlauer vom 10. Mai 1919, in dem er die Anwendung der Bezeichnung „Boches" nur auf die Deutschen außerhalb des Saargebietes beschränkt(!) und das für Offiziere bestehende Verbot aufhebt, den Bewohnern Besuche zu machen oder an ihren Mahlzeiten teilzunehmen. Die Erfahrungen aus der Waffenstillstandszeit gaben der Reichsregierung und der Bevölkerung im Saargebiet wahrhaftig ein Recht, die Anwesenheit französischer Truppen als das anzusehen, als was sie es ansahen: eine Propagandamaßnahme.

„Die Bevölkerung erblickt mit Recht in dem unbegründeten Festhalten der Regierungskommission an dem französischen Militär den deutlichsten Beweis ihrer Französierungsabsicht. Die Bevölkerung ist fest davon überzeugt, daß der wahre Grund der Anwesenheit der französischen Truppen zu suchen ist in der Unterstützung der eifrig betriebenen französischen Propaganda und in dem allerdings von vornherein zur Aussichtslosigkeit verurteilten Versuche, unsere urdeutsche Bevölkerung reif für den Anschluß an Frankreich zu machen. So wird auch selbstverständlich, daß Frankreich die großen Unterhaltungskosten der Truppen trägt. Die Saarbevölkerung lehnt jedoch ein derartiges Danaergeschenk ab." (Denkschrift der politischen Parteien vom 29. 12. 1922)[1]).

Keiner der beiden am Saargebiet interessierten Parteien kann der geistige Kampf um die Seele der Bewohner des Saargebiets verboten werden. Es darf aber auch keiner Partei eine amtliche Funktion im Saargebiet eingeräumt werden, die es ihr ermöglicht, unter Benutzung der Staatsautorität politische oder kulturpolitische Ziele zu verfolgen und die öffentliche Meinung für sich zu gewinnen. Die im Versailler Vertrag gewollte Isolierung ist eine rein administrative, die geistige Entwicklung soll ihren Weg ohne behördliche Einmischung nehmen[2]). Wie sich aus den Bestimmungen des Saarstatuts ergibt, sind gewisse Kulturgrundlagen übrigens ausdrücklich geschützt und deren

---

jedoch das Regiment vielleicht um das Vaterland verdient gemacht durch seine täglichen Beziehungen zu der Bevölkerung des Saargebiets."

[1]) Dieses Dokument ist abgedruckt: Weißbuch, S. 350.

[2]) Vgl. dazu die interessanten Ausführungen der Regierungskommission in ihrem 10. periodischen Bericht C 12, 1922 I, in dem sie S. 22 selbst davon ausgeht, daß das gegenwärtige Regime dazu dient, die Freiheit der Abstimmungen sicher zu stellen und die Notwendigkeit einer politischen und administrativen Unabhängigkeit von Deutschland betont, diese Konsequenz Frankreich gegenüber aber nicht zieht.

Beibehaltung vorgeschrieben, besonders der Schulen, der Gerichte, der Religionsfreiheit und der deutschen Sprache [1]).

Über die weiteren Einflußmöglichkeiten Frankreichs durch eigene Gerichtsbarkeit über die Bewohner des Saargebiets und durch die französische Gendarmerie wird noch zu reden sein.

### cc) Die Selbständigkeit der Verwaltung.

Auch die Forderung der Selbständigkeit der Verwaltung ist lediglich eine Konsequenz, die sich aus dem Prinzip einer unparteilichen, unbeeinflußten Regierungsführung ergibt. Die Regierungskommission hat einigen deutschen Beamten gegenüber diesen Grundsatz mit aller Schärfe in Anwendung gebracht. Seine Anwendung ist gegenüber einigen tausend französischen Offizieren und Mannschaften, die nach den ausdrücklichen Bekundungen Raults von der Regierungskommission, selbst von ihrem Präsidenten vollständig unabhängig waren und direkt dem französischen Kriegsministerium unterstanden, nicht erfolgt.

Mit Genugtuung kann es hier erwähnt werden, daß der Nachfolger Raults, Präsident Stephens, gerade in der Frage der Anwesenheit fremder Truppen im Saargebiet und ihrer Betrauung mit dem Bahnschutz mit aller wünschenswerten Deutlichkeit ausgesprochen hat, daß ein solcher Zustand den Bestimmungen des Versailler Vertrags und des Saarstatuts widerspricht [2]):

„Ich bin gegen die Anwesenheit von alliierten oder allen anderen Truppen im Saargebiet und zwar aus folgenden Gründen:

a) Die Anwesenheit von Truppen im Saargebiet ist nach meiner Ansicht unvereinbar sowohl mit dem Geist wie mit dem Buchstaben des Friedensvertrages von Versailles.

b) Ich bin der Ansicht, daß nach den Bestimmungen des Friedensvertrages keine Autorität an Stelle der Autorität der Regierungskommission im Innern des Saargebiets treten kann."

Auch das saarländische Mitglied der Regierungskommission Kossmann äußerte sich an gleicher Stelle ablehnend gegen eine Entledigung der Pflichten der Regierungskommission und ihre Übertragung an fremde militärische Organe.

Unter der Führung Raults hat die Regierungskommission zur Frage der Selbständigkeit der Verwaltung nie Stellung genommen

---

[1]) § 25 und 28 des Saarstatuts.

[2]) Leider drang er gegen die Mehrheit der Regierungskommission, die aus einem Franzosen, einem Belgier und einem Tschechen bestand, nicht durch. J. O. 1927, S. 598.

und damit stillschweigend die Anwendung dieses Rechtssatzes entgegen den Bestimmungen des Versailler Vertrags praktisch verweigert.

dd) Die Auslegung des § 30.

Es muß aber noch geprüft werden, ob nicht der § 30 eine Ausnahme von den maßgebenden Auslegungsgrundsätzen darstellt, ob also in diesem Falle nicht die Grundsätze einer unparteiischen Amtsführung, Sicherung einer freien, unbeeinträchtigten Volksabstimmung, sowie der Selbständigkeit der Verwaltung zugunsten einer der Regierungskommission schrankenlos eingeräumten Berechtigung durchbrochen wird. Da bejahendenfalls allerdings der Gesamtzweck, welcher durch die Einführung einer besonderen Verwaltung an der Saar erreicht werden soll, in Frage gestellt wäre, müßten es Gründe außerordentlich zwingender Natur gewesen sein, die zu einer solchen Maßnahme bestimmt hätten. Sie hätten dann aber auch klar im Vertrag zum Ausdruck kommen müssen.

Weder aus dem Text des Versailler Vertrags und besonders des Saarstatuts, noch aus den Noten zur Saarfrage ergibt sich aber irgend ein Anhaltspunkt für solche Gründe. Im Gegenteil, die alliierten und assoziierten Mächte versicherten, daß die Vertragsbestimmungen sich im Einklang mit den Grundsätzen des Präsidenten Wilson befänden, die er in der Rede vom 8. Januar 1918 und in den folgenden Reden kundgetan habe [1]). Der Text des § 30 enthält auch keine gegenteiligen Hinweise:

„Im Saarbeckengebiet besteht weder allgemeine Heerpflicht noch freiwilliger Heeresdienst; die Anlage von Befestigungen ist verboten.

Es wird nur eine örtliche Gendarmerie zur Aufrechterhaltung der Ordnung eingerichtet.

Dem Regierungsausschuß liegt es ob, in allen eintretenden Fällen für den Schutz der Person und des Eigentums im Saargebiet zu sorgen."

Der Sinn dieser Bestimmung ergibt sich mit aller Deutlichkeit, wenn man sich die Entstehungsgründe des § 30 vergegenwärtigt. Die französischen Wünsche nach einem Mandat mit militärischer Besetzung waren abgelehnt und statt dessen die Verwaltung dem Völkerbund übertragen worden. Die Schöpfer des Saarstatuts — Tardieu, Haskins und Morlay — waren sich darüber im klaren, daß auch die Regierung des Saargebiets über gewisse Machtmittel verfügen mußte. Ohne solche kommt nicht einmal eine Regierung aus,

---

[1]) Andres, S. 14.

die auf dem Willen der Mehrheit im Volke beruht, noch viel weniger eine solche, die vom Vertrauen des Volkes unabhängig ist. Der Völkerbund hat aber keine eigenen Truppen. Wilson hatte schon vorher, als bei den Verhandlungen über die Sicherheitsfrage und Rheinbesetzung die Franzosen darauf hinwiesen, eine Militarisierung des Völkerbundes abgelehnt. Somit blieben zwei Möglichkeiten: 1. Die Schaffung einer Saartruppe. Diese Idee haben die Schöpfer des Saarstatuts *ausdrücklich abgelehnt*, sich also über diese Frage auch Gedanken gemacht. Bei der von Wilson proklamierten allgemeinen Abrüstung und den gleichen Tendenzen der Völkerbundakte wäre auch die Schaffung einer neuen Truppe inkonsequent gewesen. Oder 2. man mußte eine entsprechende Gendarmerie schaffen. Dieser Lösung gab man den Vorzug. Aus der ausdrücklichen Einschränkung „*lokale*“ Gendarmerie geht weiterhin hervor, daß man sich auch der Bedeutung dieser Einrichtung bewußt war. Die Leute sollten nur aus dem Saargebiet stammen; die Einstellung von auswärtigen Mannschaften erschien bei der Wichtigkeit der Gendarmerie als Faktor im öffentlichen Leben eine Gefahr für eine wirklich unparteiische Verwaltung und wurde deshalb ausdrücklich verboten. Ein anderer Zweck dieser Bestimmung ist nicht ersichtlich. *Angesichts der Schaffung solcher Vorsichtsmaßregeln sogar für die Zusammensetzung der Gendarmerie erscheint es nun vollständig widersinnig, daß im nächsten Absatz, unter einer allgemeinen Redewendung versteckt, der Regierungskommission das Recht verliehen worden sein soll, neben der Gendarmerie französische Truppen oder Truppen eines anderen Staates mit der Aufrechterhaltung der Ordnung zu betrauen.*

Bei Überprüfung dieser Sachlage muß man im Gegenteil zu der Ansicht kommen, daß der Abs. 2 des § 30 die Mittel angibt, mit welchen die öffentliche Ordnung aufrecht zu erhalten ist, und daß Abs. 3 im Gegensatz zu der Auslegung der Regierungskommission nichts weiter sagt, als daß es Sache nur der Regierungskommission — und nicht anderer Faktoren — ist, für den Schutz von Personen und Eigentum im Saargebiet zu sorgen. Die Beschränkung „im Saargebiet“ erscheint bei dieser Auslegung deshalb angebracht, weil außerhalb des Saargebiets die Regierungskommission den Schutz der Interessen der Bewohner des Saargebiets anderen Mächten anvertrauen kann. § 21 gestattet dies ausdrücklich und fügt bei:

mit den Mitteln und unter den Bedingungen, die ihr angemessen erscheinen. Hier ist also das Mittel freigestellt, nicht aber bei § 30[1]). Bei der von der Regierungskommission vertretenen Auffassung müßte die Einschiebung „im Saargebiet" als überflüssig und selbstverständlich angesehen werden. Unterstützt wird die hier vertretene Ansicht auch formell durch die Ausdrucksweise sowohl im französischen wie auch im englischen Text, bei denen die Einschränkung durch Voranstellung des „nur" besonders prägnant wirkt. „Seule une gendarmerie locale" und „only a local gendarmerie". Eine solche Betonung hätte keinen Zweck, wenn der Abs. 3 die ganze Bedeutung des Absatzes 2 und speziell der Einschränkung wiederum aufgehoben hätte.

So hält die Auffassung der Regierungskommission vor keiner Kritik stand. Sie widerspricht der Gesamtregelung und den Grundgedanken, die für die Schaffung der Sonderverwaltung maßgebend waren, bedeutet eine durch nichts gerechtfertigte Inkonsequenz und eine Gefahr für die friedliche Weiterentwicklung, denn sie ist nur geeignet, Zweifel darüber aufkommen zu lassen, ob von den Bewohnern des Saargebiets in den fünfzehn Jahren wirklich jede Beeinflussung durch amtliche Organe ferngehalten worden ist, wie es das Saarstatut verlangt.

### ee) Die Auslegung des § 33.

Mit Berufung auf § 33 des Saarstatuts versuchte die Regierungskommission mehrfach den Streit über die Truppenfrage zum Abschluß zu bringen. Dies geschah nicht nur Deutschland gegenüber, sondern auch der Völkerbundrat sollte nach dem Willen des Präsidenten Rault in dieser Frage ausgeschaltet werden. Mit Recht hat die Reichsregierung hervorgehoben, daß die Befugnis des § 33 der Regierungskommission nicht das Recht gibt, mit einer Bestimmung nach Belieben zu verfahren. Und im Völkerbund wurde des öfteren und eindringlich darauf hingewiesen, daß die Regierungskommission für die Weise, wie sie von dieser Bestimmung Gebrauch mache, dem Völkerbund gegenüber verantwortlich ist. Es ist das Verdienst Lord Robert Cecils, in dieser Beziehung der Regierungskommission gegenüber Klarheit geschaffen zu haben[2]). Eine andere Stellungnahme wäre auch gar nicht denkbar. Denn der Treuhänder kann sich

---

[1]) Note der Reichsregierung vom 6. 12. 1922.

[2]) Besonders in der Sitzung des Völkerbundrates vom 6. Juli 1923, vgl. auch Note Reichsregierung vom 6. Dezember 1922.

seiner Verantwortung, seiner Rechte und Pflichten nicht in der von der Regierungskommission angenommenen Art und Weise entledigen.

Dieser Auffassung ist nichts mehr hinzuzufügen.

### ff) Der Begriff „Garnisontruppen".

Ein weiteres Argument für die Richtigkeit der Auffassung der Regierungskommission sollte der Umstand sein, daß die französischen Truppen nicht Besatzungstruppen, sondern Garnisontruppen seien. Der französische Vertreter Hanotaux lehnte es sogar energisch ab, als Branting die Truppen „Besatzungstruppen" nannte, und erklärte, dieser Ausdruck sei ein Schlagwort der Propaganda. Nun ist aber an keiner Stelle der grundsätzliche völkerrechtliche Unterschied zwischen der Stellung der französischen Truppen im Saargebiet und der von Okkupationstruppen im Falle der nichtkriegerischen Besetzung dargetan. Die Verschiedenheit der Auffassungen rührt offenbar daher, daß mit dem Begriff „Besatzungstruppen" unberechtigterweise ein Werturteil verbunden wird, und daß über das Wesen der nichtkriegerischen Besetzung an sich sowie über ihre nach Form und Wirkungen ungleichen Fälle keine Klarheit besteht. Auch der Ausdruck „Friedlich — pacifique" kann nicht als besonders glücklich angesehen werden; bezeichnender ist der Ausdruck „Nichtkriegerisch".

Robin, wie schon hervorgehoben, der erste, der die Materie der nichtkriegerischen Okkupation gründlich durchforscht hat und dessen historische Ausführungen von außerordentlichem Wert sind, gibt keine Definition der occupatio pacifica, sondern begnügt sich mit der Angabe der wesentlichen Charaktermerkmale und vor allem der Unterschiede zur kriegerischen Besetzung[1]). Begriff und Wirkungen des „nichtkriegerisch" sind bei ihm klargelegt, der Begriff „Besetzung" als bekannt oder feststehend vorausgesetzt. Es entgeht ihm allerdings bei der klarliegenden Relation zwischen Gebietshoheit und Besetzung nicht, daß die Einschränkung der Gebietshoheit des besetzten Staates nicht in allen Fällen der occupatio pacifica gleich ist, daß also zwischen der Art der Besetzung und dem Umfang, in dem die fremde Staatsgewalt eingeschränkt wird, Beziehungen bestehen. Als Beispiel führt er den Fall der sog. selbständigen vereinbarten Besetzung im Gegensatz zu der nicht vereinbarten Besetzung an.[2])

Heyland nimmt die Einschränkung der Gebietshoheit in seine Definitionen mit auf. Er bezeichnet die friedliche Besetzung kraft

---

[1]) S. 11 und besonders S. 612 ff.

[2]) S. 619.

Selbsthilfeaktes als eine zeitweilige, durch militärischen Gewaltakt begründete und nur durch Humanitätsgrundsätze, durch die Normen des Kriegsvölkerrechtes, sowie durch die Zweckbestimmung der betr. Selbsthilfeaktion begrenzte Ausübung von Gebietshoheit innerhalb des Gebietes eines fremden Staates zum Zwecke zwangsweiser Durchsetzung gegenüber diesem Staat bestehender wirklicher oder vermeintlicher Rechte oder Interessen des Selbsthilfe übenden Staates[1]). Die friedliche Besetzung kraft Notstandsaktes ist nach ihm zu definieren als eine zeitweilige, durch ein dem Okkupanten zustehendes Notrecht erlaubte und nur durch Normen des Kriegsvölkerrechts begrenzte Ausübung von Gebietshoheit innerhalb fremden Staatsgebietes[2]). Schließlich definiert er das vereinbarte Besatzungsrecht zu Sicherungszwecken als ein „auf vertraglicher Grundlage bzw. auf Völkergewohnheitsrecht beruhendes obligatorisches Recht, das den Gläubigerstaat ermächtigt, Hoheitsrechte des Schuldnerstaates in dessen Gebiet kraft eigenen Rechtes auszuüben[3])".

In allen drei Definitionen wird die mehr oder minder durch Rechtsnormen begrenzte Ausübung von Hoheitsrechten auf fremdem Staatsgebiet als wesentlich angesehen. Offenbar ist damit aber die nichtkriegerische Besetzung noch nicht vollständig umschrieben. Fälle, in denen auf fremdem Staatsgebiet Hoheitsrechte ausgeübt werden, sind besonders in der Nachkriegszeit recht häufig geworden, man denke nur an die vielen interalliierten und internationalen Kommissionen, die Hoheitsrechte ausüben, ohne daß eine Besetzung vorliegt. Vielmehr muß die Ausübung der Hoheitsrechte in besonderer Weise erfolgen, nämlich durch eine fremde militärische Gewalt, die sich im Staatsgebiet aufhält, es „besetzt" hält. Der Begriff dieser Besetzung kann aber nicht identisch sein mit dem gleichlautenden Begriff der occupatio bellica. Denn dort ist gemäß Art. 42 L. K. O. vorausgesetzt, daß sich das Gebiet tatsächlich in der Hand des feindlichen Heeres befindet. Von dem Vorliegen dieses rein tatsächlichen Tatbestandes hängt es ab, ob eine Besetzung im Rechtssinne vorhanden ist. Die entgegenstehende feindliche Staatsgewalt muß beseitigt sein, der kriegerische Okkupant die Möglichkeit haben, seine Macht innerhalb des besetzten Gebietes an jedem Ort auszuüben. Diese Erfordernisse sind nicht ohne weiteres auf den

---

1) Heyland, S. 24.
2) Heyland, S. 35.
3) Heyland, S. 63.

Fall der nichtkriegerischen Besetzung zu übertragen. Im Falle der vereinbarten Besetzung wird sogar eine rechtsgeschäftliche Willenserklärung genügen, um z. B. eine Ortschaft ins besetzte Gebiet mit einzubeziehen[1]), während im Falle der Besetzung kraft Notstandsaktes die Voraussetzungen sich mehr den Bestimmungen über die kriegerische Besetzung nähern müssen. Die Theorie hat sich bisher mit der Frage noch wenig beschäftigt. Auf Grund der Staatenpraxis wird man folgende Erfordernisse aufstellen müssen:

Es muß eine Besetzung vorliegen, eine Truppenmacht, d. h. eine militärisch organisierte bewaffnete Anzahl Leute müssen sich auf fremdem Staatsgebiet aufhalten. Sonst ist das Gebiet nicht besetzt. Entwaffnete Armeen oder zersprengte Soldaten können keine Besetzung vornehmen, sie haben daher nicht die Rechtsstellung fremder Armeen, beispielsweise die Truppen Bourbakis bei ihrem Übertritt auf schweizerisches Gebiet im Jahre 1871[2]). Heyland[3]) führt aus, daß für den Begriff des Besetzungsrechtes die Befugnis des berechtigten Staates, ein vertraglich näher bestimmtes Gebiet des Gegenkontrahenten mit seinen (des berechtigten Staates) Truppen zu belegen, essentiell sei. M. E. genügt die Befugnis allein nicht. Bei der nichtvereinbarten friedlichen Besetzung ergibt sich dies von selbst.

Die Besetzung muß ein Akt des Staates sein, dem die Truppen angehören. Militärische Unternehmen, hinter denen keine fremde Staatsgewalt steht, können nicht die Wirkungen der nichtkriegerischen Besetzung hervorbringen[4]).

Die fremde Truppenmacht muß für sich eine Sonderstellung innerhalb der Rechtsordnung des besetzten Staates einnehmen. Besetzung bedeutet militärische Machtäußerung auf fremdem Staatsgebiet und hat an sich schon eine Einschränkung der Gebietshoheit des besetzten Staates zur Folge[5]). Mit der Aufgabe des eigenen Rechts und der vollständigen Einfügung in die Rechts-

---

[1]) Abkommen über die Nordgrenze des besetzten Gebiets vom 9. April 1927 zwischen der interalliierten Rheinland-Oberkommission als Vertreterin der Okkupationsmächte und dem Reichskommissar für die besetzten rheinischen Gebiete als Vertreter des Deutschen Reichs; abgedruckt in Nr. 8 der „Mitteilungen des Reichskommissars für die besetzten rheinischen Gebiete."

[2]) Travers, Le droit pénal international et sa mise en œuvre en temps de paix et en temps de guerre, Paris 1920, S. 387. T.I.

[3]) Heyland, Die Rechtsstellung der besetzten Rheinlande, S. 44.

[4]) Robin, S. VII spricht vom Staat, der eine Militärmacht auf fremdem Staatsgebiet „unterhält".

[5]) Travers, T. I., S. 391, 399 und Cavaré, Quelques notions générales sur l'occupation pacifique in Revue générale de droit intern. public Tome XXXI, 1924, S. 341.

ordnung des Aufenthaltstaates hört die Truppe auf, Teil einer fremden Macht zu sein, ein Kriterium, nach dem übrigens die Rechtsstellung der fremden Truppen, die eine Besetzung ausüben, von der Rechtsstellung militärischer, exterritorialer Kommissionen unterschieden wird.

Die Rechte, die die Besatzungstruppen für sich in Anspruch nehmen, können verschiedener Art sein, je nach dem Zweck der Besetzung. Eine gewisse Praxis hat sich im Falle der vereinbarten Besetzung herausgebildet. Dann ist es in der Hauptsache lediglich ein Garnisonrecht, das vereinbart zu werden pflegt[1]), während im übrigen die Rechtsstellung des Okkupanten sich in dem Recht erschöpft, den Schutz seiner Armee sicherzustellen. Zu diesem Zweck hat er eine gewisse Gerichtsbarkeit, ferner kann er an die Lokalbehörden im Interesse der Sicherheit und des Unterhaltes Anweisungen erlassen und, wenn diese nicht beachtet werden, selbst die nötigen Maßnahmen ergreifen[2]). Selbstverständlich können vertraglich diese Rechte erweitert oder eingeengt werden, besonders hinsichtlich des Unterhaltes werden spezielle Abmachungen getroffen.

Eine besondere Rechtsstellung als „Garnisontruppen" kennt auch Robin nicht. Truppen, die lediglich ein beschränktes Garnisonrecht haben, sind ebenfalls Besatzungstruppen, wenn die obigen Erfordernisse zutreffen. Beispielsweise die Besetzung der Stadt Luxemburg durch Preußen 1815—1867, die sich in einem Garnisonrecht erschöpfte[3]).

Unter Berücksichtigung dieser Ergebnisse ist es nicht ersichtlich, warum die französischen Truppen im Saargebiet nicht als Besatzungstruppen angesehen werden sollten. Es handelte sich doch um eine aus Infanterie, Artillerie, Kavallerie, Pionieren usw. zusammengesetzte, militärisch übrigens recht bedeutsame Macht, die innerhalb der Rechtsordnung des Saargebiets eine Sonderstellung einnahm, exterritorial war und in begrenztem Umfange sogar eine Gerichtsbarkeit über die Bevölkerung ausübte. Die Truppen unterstanden nicht etwa der Regierungskommission, sondern dem französischen Kriegsministerium. Ihre Hauptaufgabe war der Schutz der französischen Bergwerke im Saargebiet, daneben sollten sie der Regierungskommission auch zur Durchführung anderer Aufgaben behilflich sein. Der Zweck ihrer Anwesenheit ändert an der Feststellung, daß es sich um Besatzungstruppen handelt, nichts, denn wenn die Be-

---

[1]) Robin, S. 617.

[2]) Robin, S. 617.

[3]) Robin, S. 291.

setzung die Aufrechterhaltung der Ordnung auf fremdem Gebiet oder die Festigung der Regierung zum Ziel hat, so liegt im völkerrechtlichen Sinne trotzdem eine militärische Besetzung vor. Nur zieht, um mit Robin[1]) zu sprechen, diese Besetzung — fatalement — eine Verminderung der Souveränität des besetzten Staates mit sich, den der okkupierende Staat zu schützen vorhat. Da das Saargebiet kein Staat ist, muß die Nutzanwendung dieser Feststellung Robins dahin lauten, daß die Betrauung der französischen Soldaten mit der Aufrechterhaltung der Ordnung eine Einschränkung der obersten Gewalt der Regierungskommission bedeute. Dies ist aber gerade behauptet und als unzulässig bewiesen worden. Übrigens wurden die im Saargebiet stehenden Truppen im französischen Budget für 1921 ausdrücklich als „Besatzungstruppen" bezeichnet[2]).

Die Bezeichnung „Garnisontruppen" als besonderer völkerrechtlicher Begriff ist unhaltbar. Hinter ihr wird lediglich verborgen, daß dem französischen Militär sogar Rechte eingeräumt worden sind, die weitergehend sind als in vielen anderen Fällen der occupatio pacifica.

### gg) Die Einwendungen praktischer Art.

Einen breiten Raum in der Diskussion über die Truppenfrage nahmen die Einwendungen praktischer Art ein. Sie wurden schließlich bestimmend für den Gang der Verhandlungen vor dem Völkerbund.

Unterstellt man die Richtigkeit aller Bedenken und Schwierigkeiten, die seitens der Regierungskommission geltend gemacht wurden, so wäre das Ergebnis folgendes gewesen: Zur Aufrechterhaltung der Ordnung im Saargebiet bedarf die Regierungskommission einer Gendarmerie, die aber infolge von Umständen besonderer Art (finanzielle Schwierigkeiten, Rekrutierungsunmöglichkeit, Unmöglichkeit, eine zuverlässige Gendarmerie zu schaffen) nicht errichtet werden kann. Welches waren dann die Rechtsfolgen? Welche Rechtsfolgen hat es überhaupt, wenn in einem Vertrag sich später die Unmöglichkeit herausstellt, einzelne Bestimmungen auszuführen?

In der Theorie, die dieser Frage bisher leider wenig Beachtung geschenkt hat, begnügt man sich meistens mit einem Hinweis auf den Satz: Ultra posse nemo obligatur. Damit sind zweifellos die Fälle gelöst, in denen der Vertrag nur eine einzige Leistung zum Gegenstand hatte und diese ohne Verschulden der Vertragsparteien nachher unmöglich wird oder bereits zur Zeit des Vertragsabschlusses

---

1) Robin, S. 619.

2) Vergl. S. 31. Anm. 1.

unmöglich war. Wenn aber in einem Vertrag von vielen Vertragsbestimmungen die Durchführung der einen Bestimmung unmöglich wird, ohne daß dadurch eine Unmöglichkeit auch für die anderen Bestimmungen eintritt, läßt sich keine allgemein gültige Auslegungsregel aufstellen. Es wird dann von Fall zu Fall zu prüfen sein, welche Wirkungen das Ausfallen der einen Bestimmung für den ganzen Vertrag zur Folge hat. Maßgebend ist auch hier wieder der Zusammenhang, Sinn und Zweck der unmöglich gewordenen Bestimmung.

Im vorliegenden Fall hätte die Unmöglichkeit, eine Gendarmerie zu errichten, nicht zu einer Aufhebung der gesamten Bestimmungen über das Saargebiet führen können. Es mußte versucht werden, Ersatz zu schaffen. Da der Zweck der örtlichen Gendarmerie darin bestand, der Regierungskommission ein Mittel an Hand zu geben, das hinsichtlich seiner Zusammensetzung Garantie gegen eine unstatthafte behördliche Beeinflussung bot, durfte der Ersatz nicht ausgerechnet aus Soldaten einer interessierten Macht bestehen. Das nähere hätte durch Verhandlungen zwischen den Vertragsparteien geregelt werden müssen unter Beachtung von Sinn und Zweck des gegenwärtigen Regimes im Saargebiet; dazu bot der Umstand, daß dem Völkerbund die Verwaltung als Treuhänder übertragen worden war, besondere Möglichkeiten.

In Wahrheit hat aber die Regierungskommission die Schwierigkeiten vielfach entweder vergrößert oder selbst geschaffen. Bezeichnend ist, daß mit der Änderung der Person des Präsidenten der Regierungskommission der Volkscharakter der Saarländer schon eine ganz andere Würdigung erfuhr. Während die Bevölkerung von Rault als besonders zu Unruhen geneigt und die Schwierigkeiten als außerordentlich dargestellt wurden, erklärte Stephens vor dem Völkerbundrat: „Ich war mit dieser Bevölkerung 3½ Jahre in Berührung, ich kann mit aller Aufrichtigkeit bezeugen, daß sie einen musterhaften Charakter hat. Es ist eine Bevölkerung, ordnungsfreudig (éprise d'ordre), stolz und vaterlandsliebend . . ."[1]). Eine derartige Divergenz im Urteil zweier Leute, die an höchster Stelle die Geschicke im Saargebiet zu leiten hatten, gibt sehr zu denken.

In diesem Zusammenhang muß noch bemerkt werden, daß Äußerungen der Regierungskommission und ihrer Organe über angebliche Geheimverbände offen in den Zeitungen des Saargebiets als Lüge und behördliche Mache mit dem Zweck, die Gefährlichkeit

1) J. O. 1927, S. 414.

der Bevölkerung des Saargebiets vorzutäuschen, bezeichnet wurden[1]), und daß die politischen Parteien vergeblich eine Untersuchung dieser Angelegenheit forderten[2]). Auch öffentliche Aussagen von Leuten, die erklärten, zur Provokation durch Organe der Regierungskommission gedungen worden zu sein, blieben unwidersprochen. Die Regierungskommission ließ den Vorwurf auf sich sitzen, daß sie sich zum Beweise ihrer Behauptungen künstlich „Fälle" zu schaffen suchte. Die Denkschrift vom 10. 1. 1925 führte dazu aus, Rault habe nach Genf berichtet, daß in Bayern bestehende, selbst von der deutschen Regierung verbotene Geheimorganisationen im Saargebiet Zweigstellen unterhielten. Haussuchungen, welche nach Veröffentlichung der Notverordnung vom 7. März 1920 vorgenommen wurden, hätten dies aufs genaueste bestätigt. Auch aus zwei Berichten des Oberstaatsanwaltes ergebe sich unzweifelhaft, daß zwei bayerische Geheimbünde ihre Zweigstellen im Saargebiet gehabt hätten. „Es war alles nur Spitzelarbeit, bestellt von den französischen Beamten der Völkerbundsregierung, welche die Leitung der obersten Polizeiverwaltung des Saargebiets in Händen haben. Der fragliche Spitzel hatte vergeblich die Gründung von Geheimverbänden im Saargebiet versucht und zu diesem Zwecke den bayerischen Führer einer Geheimorganisation nach dem Saargebiet gebracht, sich Hitleruniformen und Waffen beschafft und sogar einen Angriffsplan gegen die von französischem Militär belegten Kasernen ausgearbeitet! Man ließ bei ihm ein ebenfalls von der Obersten Polizeiverwaltung bestelltes Tagebuch finden, in das erlogene Berichte eingetragen waren — Berichte, durch die hochangesehene Saarbrücker Bürger, darunter ein katholischer Geistlicher, kompromitiert werden sollten. Für diese schmutzige Arbeit zahlte die Oberste Polizeiverwaltung an den fraglichen Spitzel aus der Landeskasse neben anderen Summen eine besondere Belohnung von 36 500 Franken."

Die Regierungskommission hüllte sich diesen ungeheuerlichen Angriffen in der Presse und den Denkschriften der politischen Parteien gegenüber in Schweigen. Sie beschränkte sich darauf, den Leiter der Obersten Polizeiverwaltung Adler und den am schwersten belasteten Beamten Rollin, beides Franzosen, ihrer Posten zu entheben, und löste nach einstimmigem Beschluß die Oberste Polizei-

---

[1]) Vgl. Saarbrücker Zeitung v. 7. Dezember 1924.

[2]) Denkschrift der Zentrumspartei und der Vereinigten Liberalen und Demokratischen Partei vom 10. 1. 1925: „Mißbräuche und Mißstände in der Verwaltung des Saargebietes."

verwaltung als selbständige Abteilung auf, die nunmehr der Abteilung des Innern direkt zugeteilt wurde. Trotz der „unzweifelhaften Feststellungen" und der „genauesten Bestätigungen" ist in keinem einzigen Falle gegen irgend eine Person wegen Geheimbündelei oder eines Angriffs auf die Staatssicherheit die Erhebung der öffentlichen Klage auch nur versucht worden, obschon es sich gegebenenfalls um äußerst schwere Delikte gehandelt hätte. Im Gegenteil, die Regierungskommission ließ das Verfahren niederschlagen und verhinderte so eine Klärung der wahren Sachlage. Auch der Völkerbund schwieg über diese dunkle Angelegenheit. Auf solchen Grundlagen ruhten die Argumente Raults für die Notwendigkeit einer besonders starken Polizei.

Die Hauptschwierigkeit, die sich der Lösung des Problems entgegenstellte, lag aber darin, daß die Regierungskommission die Errichtung eines Gendarmeriekorps in Stärke von 3—4000 Mann für unbedingt notwendig hielt. Nicht mit Unrecht wurde auf das benachbarte Luxemburg [1]) aufmerksam gemacht, das bei einer Einwohnerzahl von 260 000 Einwohnern etwa 180 Gendarmen und 250 Mann freiwilliges Militär unterhält. Zweifellos ist die Regierungskommission verpflichtet, mit allen Mitteln die Ordnung aufrecht zu erhalten und speziell die Ausbeutung der Bergwerke durch Frankreich sicherzustellen. Daß gerade diesen seitens der Bevölkerung eine besondere Gefahr droht, ist wenig glaubhaft, denn man weiß auch im Saargebiet gut, daß die Gruben Quelle der Arbeit und des Einkommens sind. „Jedermann, der im Kohlenbergbau bewandert ist, weiß jedoch, daß wirkliche Gefahren dem Bergbau nur aus ihm selber drohen, besonders wenn die in den großen Tiefen ständig zufließenden Grubenwasser nicht ausgepumpt werden. Da die Bergleute hier im Saargebiet im Bereiche der Gruben und zum großen Teile auf eigenem Grund und Boden wohnen, haben sie an der Lebensfähigkeit der Gruben ein außerordentliches Interesse, denn wenn die Gruben zum Versaufen kämen, müßten sie Hab und Gut verlassen, um anderwärts ihren Lebensunterhalt zu suchen." (Denkschrift der politischen Parteien vom 6. August 1924.) Auch während des großen Bergarbeiterstreiks im Jahre 1923 wurden die Notstandsarbeiten verrichtet.

---

[1]) Denkschrift der Fraktionen des Landesrats vom 6. August 1924. Rault hatte übrigens zur Rechtfertigung der hohen Gendarmenzahl auf den Waldreichtum des Saargebietes aufmerksam gemacht. Luxemburg, das nach der französischen Annexion von 1795 den bezeichnenden Namen Departement des forêts erhalten hatte, ist wohl nicht minder waldreich, hat auch große Hüttenwerke.

Zur Normalzeit gab es aber für 3000 Gendarmen keine Verwendung, eine Erkenntnis, der sich auch die Regierungskommission nicht verschloß. So konnte der Gedanke, an der Grenze für den Notfall Truppen bereit zu halten, als brauchbare Lösung angesehen werden. Die Verwendung fremder Truppen, als Notstandsmaßnahme und nach völkerrechtlichem Notstandsrecht auch erlaubt, durfte aber angesichts Bestimmungen des Versailler Vertrags naturgemäß nur als außerordentliche Maßnahme in besonderen Notfällen in Frage kommen. Erforderlich wäre für diese Fälle gewesen, daß sich die Tätigkeit des Militärs streng auf die ihm zugewiesenen Aufgaben erstreckte, die lediglich die Aufrechterhaltung der Ordnung während der Unruhen betreffen konnten, daß sich die Regierungskommission ein Aufsichtsrecht wahrte, und daß nach dem Eintreten normaler Zustände das Militär wieder entfernt und die außerordentlichen Maßregeln aufgehoben worden wären. Eine solche Regelung hätte als Notstandsfall und nicht als Verletzung der im Saarstatut niedergelegten Bestimmungen angesehen werden können. Die Regierungskommission hat sich dazu nie bereit gefunden, trotzdem aus der neuesten Entwicklung geschlossen werden darf, daß ihr im Notfalle auch andere als französische Truppen zur Verfügung gestellt worden wären.

Die Schwierigkeiten der Rekrutierung müssen sehr gering gewesen sein, denn es wurde niemals bekannt, daß die Regierungskommission noch über Stellen bei der Gendarmerie verfüge, die infolge Personalmangels nicht besetzt werden konnten. Auf die übermäßigen Kosten, die für die Landjägerpolizei errechnet wurden, hat eine deutsche Note aufmerksam gemacht [1], ebenso darauf, daß auch im besetzten Rheinland die Polizei nach den Forderungen der Interalliierten Rheinlandkommission nur aus Leuten ergänzt werden durfte, die aus dem besetzten Gebiet stammten, und daß auch im Ruhrgebiet die Verwendung von Militär für Deutschland verboten ist [2]. Auch das viel kleinere Luxemburg kommt mit einer bewaffneten Macht aus, die lediglich aus Landeskindern zusammengesetzt ist.

Auf eine besondere Belastung, die die Anwesenheit des französischen Militärs mit sich brachte, sei noch hingewiesen. Die Kasernen waren durch Truppen belegt und konnten trotz der außer-

---

[1] Auch D o n a l d ist der Ansicht, daß die Saarpolizei wohl die teuerste der Welt ist, S. 69.

[2] Als bei den großen Unruhen 1920 deutsches Militär ins Ruhrgebiet einrückte, besetzten die Franzosen als Sanktion den Maingau.

ordentlichen Wohnungsnot für die Bevölkerung nicht benutzt werden. In Neunkirchen wurde ein Schulhaus und in Homburg ein Lazarett der eigentlichen Bestimmung entzogen und mit Truppen belegt. Die Regierungskommission behielt überdies die Hälfte aller frei werdenden Wohnungen für das französische Militär und ihre eigenen Beamten vor. „Aus der Antwort auf eine sozialdemokratische Anfrage in der Saarbrücker Stadtverordnetenversammlung ist bekannt, daß daselbst vom 1. 1. 1921 bis zum 6. 2. 1922 nicht weniger als 2383 Wohnungen dem französischen Militär zur Verfügung gestellt werden mußten [1]." Fälle von Mißbrauch bei der Zuteilung von Wohnungen an das französische Militär sind in der Denkschrift der politischen Parteien ausgeführt [2]. Solche Zustände bedeuteten eine Verletzung einer Pflicht, die der Regierungskommission ausdrücklich auferlegt worden ist: die Rechte und das Wohl der Bevölkerung sicherzustellen. Eine weitere folgenschwere Belastung der Zivilbevölkerung bedeuteten die vielen Ausschreitungen der französischen Soldaten im Saargebiet. Auf die zahlreichen in der Presse gemeldeten Fälle kann hier nicht näher eingegangen werden [3]. Da die Täter der Gerichtsbarkeit durch die ordentlichen Gerichte im Saargebiet entzogen waren, unterblieb in den meisten Fällen eine gerichtliche Bestrafung, weil aus begreiflichen Gründen von der Erstattung einer Anzeige Abstand genommen wurde.

Noch schwerer sind die Blutopfer der Bevölkerung. Besonderes Aufsehen erregte seiner Zeit der Fall Maria Schnuer aus Bildstock, die von einem französischen Soldaten auf bestialische Weise durch Stiche mit dem Seitengewehr in den Unterleib ermordet worden war. Der sich anschließende Notenwechsel der Reichsregierung

---

[1]) P. Molenbroek (den Haag) Artikel „Das Saargebiet unter der Herrschaft des Völkerbundes" in Süddeutsche Monatshefte, 22. Jahrgang, Heft 9 Seite 27. In ihrem 10. periodischen Bericht (November-Dezember 1921) erklärt die Regierungskommission, die Zahl der durch Offiziere belegten Privatquartiere sei so gering, daß ihre Rückgabe dem Wohnungsmangel nicht abhelfen würde. Der Bericht verschweigt aber, wieviel Privatwohnungen vom Militär belegt sind.

[2]) Denkschrift vom 29. 12. 1922 und vom 24. 11. 1923.

[3]) Aus der Fülle des Materials nur folgende Hinweise auf Pressemeldungen, wobei auf Vollständigkeit kein Anspruch erhoben wird. Saar-Freund 1920, Nr. 7, Seite 40, Nr. 9, S. 60, 61, Nr. 10, S. 73, Nr. 11, S. 87, Nr. 12, S. 97, Nr. 15, S. 140, Nr. 16, S. 153 — 1921, Nr. 11, S. 144. — 1922, Nr. 6, S. 89, Nr. 8, S. 123, Nr. 20, S. 301. — 1923, Nr. 4, S. 42, Nr. 5, S. 61, Nr. 8, S. 96, Nr. 20, S. 264. — 1924, Nr. 16, S. 245, Nr. 19, S. 295. — 1925, Nr. 16, S. 274, Nr. 18, S. 302, Nr. 20, S. 336, Nr. 23, S. 383. — 1926, Nr. 5, S. 77, Nr. 14, S. 223, Nr. 15, S. 240.

und der französischen Regierung ist im Weißbuch, S. 342 ff. veröffentlicht. Nach der Denkschrift der politischen Parteien vom 6. August 1924, Anlage I, waren bis Mitte 1924 noch weitere 10 Todesopfer zu beklagen. Die Haltung der französischen Regierung gegenüber den Hinterbliebenen ist uneinheitlich; zum Teil bot sie geringen oder unvollständigen Schadenersatz an. Selbst beim Vorliegen des gleichen Tatbestandes behandelte sie die Ansprüche der Hinterbliebenen verschieden, so z. B. im Falle Walter, Gerten und Meyer, die alle drei durch Kugeln eines Maschinengewehrs getötet wurden, das durch Leichtsinn französischer Soldaten ohne Veranlassung in Tätigkeit gesetzt wurde. Bei Walter bot das französische Kriegsministerium 10 800 Franken an [1]), verwies bei Gerten die Eltern des Getöteten an die Stadt Saarbrücken und lehnte bei Meyer eine Entschädigung ohne weiteres ab. Im Fall Jennewein, der in der Nacht vom 27./28. Oktober 1921 ohne jeglichen Anlaß von einem marokkanischen Unteroffizier meuchlings erstochen worden war, begründete der Kommandeur der Saartruppen die Ablehnung des Schadenersatzanspruches der Witwe mit fünf minderjährigen Kindern damit, daß sich der Täter bei Begehung der Tat außer Dienst befunden habe. „Solche bedauerlichen Zwischenfälle" meint Donald[2]) „sind meistens unvermeidlich, wenn junge fremde Soldaten zwischen ein ihnen unbekanntes Volk garnisoniert werden, welches sie noch als Feind betrachten." Die Regierungskommission begnügte sich im wesentlichen damit, die Schadenersatzforderung an die zuständige französische Behörde weiterzugeben, und den ablehnenden Bescheid dem Beschädigten wieder zuzustellen.

Auch die Einrichtung von Bordellen gehörte nicht zu den erfreulichen Erscheinungen, die die Anwesenheit der französischen Truppen mit sich brachte [3]).

---

[1]) Zu gleicher Zeit verlangte General Andlauer von der Stadt Saarbrücken wegen der Tötung eines französischen unverheirateten Jägers durch einen unbekannten Täter die Summe von 100 000 Franken und für den Kommandanten Perrault, Vater eines Kindes, die Summe von $^1/_4$ Million Franken. Perrault war von einem wachhabenden französischen Anamiten getötet worden, als er sich am Fenster zeigte, da die militärischen Wachtposten und Patrouillen in den Straßen den Befehl hatten, auf Schatten, die sich an den Fenstern zeigten, zu schießen. Näheres Weißbuch, S. 336.

[2]) Donald a. a. O., S. 72.

[3]) Beispielsweise in Saarlouis, das während der deutschen Garnison von 3000 Mann kein Bordell hatte und durch die französische Besatzung zur Errichtung eines solchen gezwungen wurde. Vgl. den Protest in der Stadtverordnetenversammlung am 7. November 1924.

### 3. Die Anwesenheit der französischen Gendarmerie im Saargebiet.

a) Ihre Befugnisse und die Stellungnahme der beteiligten Parteien.

Im engsten Zusammenhang mit der Truppenfrage steht die Frage der Anwesenheit der französischen Gendarmerie. Sie unterstand — unbeschadet der militärischen Kommandoverhältnisse — unmittelbar der Regierungskommission, die ihre Funktionen und die Beziehungen zur saarländischen Polizei in einer Verordnung vom 7. Juni 1920 regelte [1]). „Zum Kreis ihrer Aufgabe gehört vornehmlich die Verfolgung von Vergehen der im Saargebiet in Garnison stehenden Militärpersonen." Daneben konnten der französischen Gendarmerie auch noch andere Aufgaben zugeteilt werden, wie Sicherung der Ausführung von Beschlagnahmen, sowie die „Ausführung sonstiger Aufträge, die im Interesse der allgemeinen Sicherheit notwendig erscheinen, insbesondere die Verkehrskontrolle an der Grenze des Saargebiets." Ohne Auftrag durfte die französische Gendarmerie einschreiten, wenn sie eine nicht zum Militär gehörige Person bei der Begehung eines Verbrechens auf frischer Tat betraf, mußte aber in diesem Falle die Anzeige durch Vermittlung der Regierungskommission der zuständigen Behörde übersenden, eine etwa verhaftete Person der örtlichen Polizeibehörde übergeben. Ferner bestanden noch Bestimmungen über die Verpflichtung, auf Ersuchen der Polizei und Gerichtsbehörden Unterstützung zu leisten. Neben diesen Aufgaben wurde die französische Gendarmerie auch im Auftrage der Militärbehörden Frankreichs tätig, besonders durch Zustellung von Gestellungs- und Musterungsbefehlen an Bewohner des Saargebiets, was meistens gegenüber Leuten praktisch wurde, die vor dem Kriege oder im Kriege in Elsaß-Lothringen gewohnt hatten und zum Teil infolge der Bestimmungen des Artikels 79 § 1 Versailler Vertrag zwangsweise Franzosen geworden waren. Fälle, in denen die französische Gendarmerie mit Drohungen und Einschüchterungen dem Gestellungsbefehl entsprechenden Nachdruck verliehen, sind in der Presse des Saargebiets öfters besprochen worden [2]). Besonderes Aufsehen erregte ein Fall im Juni 1925 in Güdingen, wo ein Einwohner aus Unkenntnis der Rechtslage dem Militär-Gestellungs-

---

[1]) Amtsblatt Nr. 7, Jahr 1920, auch Weißbuch, S. 135.

[2]) Artikel „Französische Heerespflicht im Saargebiet", der Ende März 1925 in den meisten Zeitungen des Saargebiets veröffentlicht wurde, sowie Saarbrücker Landeszeitung vom 28. 6. 1925, Saar-Zeitung vom 30. 6. 1925, Volksstimme vom 27. 6. 1925.

befehl Folge geleistet hatte und später wieder desertiert war. Die französische Gendarmerie hielt daraufhin das Haus, in dem sich der Flüchtige aufhielt, umstellt, bis ihr nach 12 Stunden vergeblichen Bewachens die Regierungskommission das Betreten der Wohnung erlaubte, allerdings erfolglos, denn der Gesuchte war durch das Nachbarhaus entflohen.

Gegen die Anwesenheit der französischen Gendarmerie, deren Stärke sich nach Allot auf 75—100 Mann bezifferte, und besonders gegen die Art ihrer Verwendung protestierte die Reichsregierung in einer Note vom 23. April 1921 [1]) beim Völkerbund. Es wurde in ihr ausgeführt, daß die französische Gendarmerie neben der lokalen Gendarmerie bestehe, trotzdem der § 30 ausdrücklich nur eine örtliche Gendarmerie vorsehe, der die Aufrechterhaltung der Ordnung anvertraut werden solle. Auch sei die französische Gendarmerie in disziplinärer und organisatorischer Beziehung ein Teil der französischen Armee; nur hinsichtlich der Verwendung unterstehe sie der Regierungskommission. Über den in der VO vom 7. Juli 1920 vorgesehenen Aufgabenkreis hinaus werde aber die französische Gendarmerie auch mit der Einziehung vertraulicher Auskünfte in Fragen der Besetzung von Stellen der Kommunalverwaltung beauftragt, die Regierungskommission bediene sich also einer französischen militärischen Organisation für politische Zwecke. Zum Beweise für die Richtigkeit dieser Behauptung fügte die Reichsregierung die Abschrift eines Schreibens bei, das seinem Inhalt nach vom Direktor der öffentlichen Sicherheit an den Kommandanten der französischen Gendarmerie in Saarlouis gerichtet war und die Bitte um Auskunft über Personen enthielt, die sich um die Stelle als Beigeordnete in bestimmten Gemeinden beworben hatten.

Der Völkerbundrat beschäftigte sich mit der Frage in seiner Sitzung vom 20. Juni 1921 [2]) nur ganz kurz. Koo begnügte sich mit der Bemerkung: „Was hier von den französischen Truppen gesagt ist, gilt offenbar in gleicher Weise für die in der Verordnung vom 24. Juni 1920 [3]) erwähnte französische Gendarmerie." Auf die Betrauung der Polizei mit politischen Aufträgen ging er nicht ein.

In einer neuen Note vom 23. August 1922 [4]) kam die Reichsregierung erneut auf die Frage des Vorhandenseins und der Verwendung der französischen Gendarmerie zu sprechen. Die Reichs-

[1]) Weißbuch, S. 141.
[2]) Gelegentlich der Behandlung der Truppenfrage, Weißbuch, S. 150.
[3]) Die VO ist vom 7. Juni 1920 datiert, das Amtsblatt vom 24. Juli 1920.
[4]) J. O., 1922, S. 1487.

regierung verkenne den Zusammenhang zwischen der Truppenfrage und der Gendarmeriefrage nicht. „Solange sich französische Truppen im Saargebiet aufhalten, erscheint es in der Tat verständlich, daß die polizeilichen Angelegenheiten dieser Truppen von einer französischen Gendarmerie wahrgenommen werden." Indessen habe die Gendarmerie auch noch andere Aufgaben, und unter diesem Gesichtspunkt sei die Frage besonderer Art. Auch sei es angesichts des § 30 unverständlich, wie es zwei Gendarmerien geben könne, eine französische und eine örtliche. Die Note gibt ferner inhaltlich eine allgemeine Anweisung wieder, nach welcher der Gendarmerie eine Reihe von vertraulichen Aufgaben, besonders Überwachung von gewissen Personen, ihrer politischen Gesinnung, der Stimmung der Bevölkerung usw. zugewiesen sein sollen [1]). In einem Schreiben vom 2. November 1922 nimmt Rault zu dieser Note Stellung und erklärt, daß eine solche allgemeine Anweisung über die Funktionen der französischen Gendarmerie weder vom Kommandanten, noch dem Präsidenten, noch dem Truppenbefehlshaber gegeben worden sei [2]).

Tang Tsai-Fou berichtete in der Ratssitzung vom 1. Februar 1923 über diese Angelegenheit [3]). Die von ihm vorgeschlagene Resolution nahm Bezug auf die Entscheidung in der Truppenfrage vom gleichen Tag, fügte jedoch bei: „Der Rat . . . . billigt, daß die französische Gendarmerie als Polizei der französischen Truppen verwendet wird." Damit war eine andere Verwendung stillschweigend mißbilligt. Die französische Gendarmerie ist dann weiterhin außer bei der Überbringung von Gestellungsbefehlen und damit zusammenhängenden Vorfällen nicht mehr besonders in Erscheinung getreten. Ende 1924 wurde sie nach dem Bericht der Regierungskommission [4]) durch die Saar-Landjäger vollständig ersetzt, doch blieb sie als Truppenpolizei und bei der militärischen Bahnhofswache weiter tätig.

### b) Rechtliche Würdigung.

Infolge der Sonderstellung, die in der Frage der Gerichtsbarkeit Okkupationstruppen auf fremdem Staatsgebiet zukommt, war gegen die Verwendung französischer Gendarmerie zur Erforschung strafbarer Handlungen des französischen Militärs nichts einzuwenden.

[1]) In der Denkschrift vom 29. 12. 1922 wird sogar erklärt, daß die Gendarmerie den Schulbesuch saarländischer Kinder in den französischen Volksschulen kontrolliere.

[2]) Ob eine andere Stelle der Regierungskommission diese Anweisung gegeben hat, ist nicht in Erfahrung gebracht worden.

[3]) J. O., 1923, S. 229. — [4]) J. O., 1925, S. 309.

Die Frage der Rechtmäßigkeit ihrer Anwesenheit hängt vollständig von der anderen Frage ab, ob sich die Truppen zu Recht auf fremdem Staatsgebiet aufhalten. Dies ist der Standpunkt des Völkerbundes sowie der Reichsregierung gewesen. Eine offensichtliche Verletzung des § 30 des Saarstatuts war aber die Betrauung der Gendarmerie mit politischen Spitzeldiensten und anderen Aufgaben, wie Grenzkontrolle, Sicherung von Beschlagnahmen usw. Daß die Verordnung der Regierungskommission vom 7. Juni 1920 ausdrücklich noch auf den § 30 Bezug nimmt, erscheint völlig unerklärlich. Auf die vom Völkerbund, wenn auch in sehr schonender Form, ausgesprochene Ablehnung einer solchen Verwendung wurden die französischen Gendarmen aus den Funktionen herausgezogen, die nach § 30 ausschließlich der örtlichen Polizei zustehen. In dieser Angelegenheit wurde das Prinzip der Selbständigkeit der Verwaltung durch den Völkerbund gegen die Regierungskommission durchgesetzt.

Nicht zur Verhandlung vor dem Völkerbundrat kamen die Fälle, in denen die französischen Gendarmen als Organ französischer Behörden Bewohner des Saargebiets dem französischen Militärdienst unter Anwendung mehr oder minder starken Zwanges zuzuführen versuchten. Diese Tätigkeit lag durchaus nicht innerhalb des Aufgabenkreises, der mit Zustimmung des Völkerbundes den französischen Truppen und der französischen Gendarmerie zugewiesen worden war, nämlich die Aufrechterhaltung der öffentlichen Ordnung. Ein solches Tun widersprach auch der Verordnung der Regierungskommission des Saargebiets über die französische Gendarmerie vom 7. 6. 1920. Soweit die französischen Gendarmen Personen, die einem Gestellungs- oder Musterungsbefehl nicht Folge geleistet oder durch Flucht sich dem Heeresdienst entzogen hatten, zwangsweise der französischen Armee zuführten, bedeutete das Verfahren der Gendarmen eine schwere Verletzung des Saarstatuts. Mit der Neutralität der Regierungskommission ist es unvereinbar, daß sie Bewohner des Saargebiets, das Frankreich gegenüber als Ausland zu gelten hat, zum Militärdienst zwingen läßt. Eine Ausnahme erscheint trotz mancher schwerer Zweifel aus noch zu besprechenden Gründen nur insoweit vertretbar, als der Fahnenflüchtige zur Zeit der Desertion bei einem im Saargebiet liegenden Truppenteil stand und seine Verfolgung sofort aufgenommen wird. Mit dem Erlöschen des Verfolgungsanspruches hört auch diese Berechtigung auf [1]).

[1]) Vgl. dazu Praag, Juridiction et droit international public. La Haye 1915, S. 494, „la désertion brise le lien avec la troupe, du moins en ce qui concerne les actes commis postérieurement".

Selbst die Überbringung von Gestellungs- und Musterungsbefehlen durch die französische Gendarmerie des Saargebiets muß als rechtswidrig bezeichnet werden, weil hier ein im Saargebiet zugelassenes Organ zugunsten einer fremden Macht direkt tätig wird. Auch diese Funktion hat mit der Aufrechterhaltung der Ordnung und mit der Garnison-Truppenpolizei nichts zu tun, den einzigen vom Völkerbund gebilligten Formen, unter denen die Saartruppen und die französische Gendarmerie tätig werden durften. Daß die zwangsweise Aushebung zum französischen Militärdienst mit den Bestimmungen des § 30 Abs. 1 unverträglich ist, braucht nicht noch besonders hervorgehoben zu werden.

Die mißbräuchliche Verwendung der französischen Gendarmerie zu diesen Zwecken führte zu Protesten verschiedener politischer Parteien, und schließlich konnte sich die Regierungskommission den Rechtsgründen nicht länger verschließen. Im Auftrage der Zentrumspartei und der Saarländischen Volkspartei besprachen im April 1925 Abgeordneter Schmelzer und Generalsekretär Meijer mit dem Direktor der Abteilung des Innern der Regierungskommission, Heimburger, die Angelegenheit, wobei sich eine Übereinstimmung mit Heimburger in folgenden Punkten ergab:

1. Es darf kein Saarländer zum französischen Militärdienst gezwungen werden.
2. Die französischen Gendarmen haben bei Überreichung des Gestellungsbefehls kein Recht, irgend einen Zwang zum Eintritt in die französische Armee auszuüben.
3. Das letzte trifft aber auch zu bei denjenigen Bewohnern des Saargebietes, die auf Grund ihrer elsaß-lothringischen Abstammung nach dem Inkrafttreten des Versailler Vertrages Franzosen geworden sind.
4. Es darf kein Zwang ausgeübt werden bei denjenigen, die einem an sie ergangenen Gestellungsbefehl Folge geleistet haben, aber dann bei Gelegenheit eines Urlaubs nicht zur Truppe zurückgekehrt, sondern in der Heimat verblieben sind.
5. Es kann natürlich nicht vorausgesehen werden, welche Schritte Frankreich gegenüber denjenigen französischen Staatsangehörigen, die einem an sie ergangenen Gestellungsbefehl nicht Folge leisten, unternehmen wird, sobald sie französischen Boden betreten.

Keine Übereinstimmung wurde erzielt in bezug auf diejenigen Saarländer, die bei den im Saargebiet stationierten französischen

Truppen eingezogen, sich von der Truppe entfernt haben und zu Haus geblieben sind. Heimburger äußerte die Ansicht, daß den französischen Gendarmen diesen Leuten gegenüber die Ausübung eines Zwanges zugestanden werden müsse. Schmelzer und Meijer vertraten jedoch den Standpunkt, daß auch bei diesen Leuten die Bestimmungen des Versailler Vertrages in Anwendung gebracht werden müßten, nach denen jegliche Aushebung der Bewohner des Saargebiets zu einem Militärdienste verboten sei. Demzufolge müsse jeder Zwang unterbleiben.

Diese Vereinbarungen bedeuten eine Annäherung an den Rechtszustand, wie er sich aus dem Saarstatut ergibt. Anscheinend sind auch sie nicht immer eingehalten worden [1]).

## 4. Die französische Kriegsgerichtsbarkeit.

### a) Ihre Zuständigkeit und die Stellungnahme der beteiligten Parteien.

In seiner Ansprache an die Vorstände der politischen Parteien Ende März 1920, in der Rault die Beibehaltung der französischen Truppen als Sicherheitstruppen mitteilte, knüpfte er an diese Mitteilung die Zusicherung: „Die Kriegsgerichte bestehen nur noch zur Aburteilung von Vergehen der französischen Militärpersonen [2])." Im gleichen Sinne berichtete er auch nach Genf: „Die militärischen Polizeigerichte sind aufgehoben worden; in Zukunft wird kein Bewohner des Saargebiets vor ein Kriegsgericht gestellt werden [3])." Die Wirklichkeit sah etwas anders aus.

Am 14. April 1920 erschien in der (sozialistischen) „Volksstimme", Saarbrücken, ein Artikel, in welchem das Verhalten des französischen Militärs bei der Besetzung von Frankfurt a. M. scharf angegriffen wurde. Nach Angaben des verantwortlichen Redakteurs Scherer hieß es, daß sich zum deutschnationalen und kommunistischen Militarismus als Dritter der französische zugeselle: „Er besetzte mitten im Frieden Frankfurt a. M. usw., schoß zusammen, was sich ihm in den Weg stellte, Mann, Weib und Kind und — feierte einen

---

[1]) Aus einer Nachricht der Saarbrücker Zeitung vom 3. Januar 1926 ergibt sich, daß am Silvesterabend 1925 der 20jährige Julius Pirret, Triererstraße Nr. 17, von französischen Gendarmen verhaftet wurde, weil er der Dienstpflicht im französischen Heere nicht genügte. Pirret, der in Metz geboren ist, hielt sich schon vor dem Kriege fast nur in Saarbrücken auf.

[2]) Weißbuch, S. 129.

[3]) J. O., Heft 3, Jahr 1920, S. 103, Weißbuch, S. 130.

großen Triumpf [1])!" Durch diese Ausführung fühlte der kommandierende General der im Saargebiet garnisonierenden Truppen die Ehre der französischen Armee verletzt und fragte bei der Regierungskommission an, ob sie keine politischen Bedenken darin sehe, daß er eine kriegsgerichtliche Verfolgung gegen den verantwortlichen Redakteur dieses Blattes einleite. „Auf eine so gestellte Frage konnte die Regierungskommission bei dem gegenwärtigen Zustand der Rechtspflege nur in einem den Absichten des Generals entsprechenden Sinn antworten[2])." Ein Versuch, den Redakteur zu einem Widerruf zu bewegen, schlug fehl. Nach dessen Angaben legte das Mitglied der Regierungskommission Moltke-Huitfeld ihm eine bereits entworfene Erklärung vor, lehnte jeglichen Rechtfertigungsversuch mit den Worten ab: „Antworten Sie ja oder nein, sonst nichts" und gab, mit der Uhr in der Hand, eine Minute Bedenkzeit. Der Redakteur antwortete mit „Nein". Er entzog sich der Verfolgung durch Flucht, nachdem die Regierungskommission erklärt hatte, sie überlasse dem Militär „freie Handlungsweise" und die damit verknüpfte Verantwortung. Der Präsident Rault begründete dieses Vorgehen, das immerhin den Bruch seines sowohl der Bevölkerung des Saargebiets wie dem Völkerbund gegebenen Wortes bedeutete, einmal damit, daß die Anwesenheit der französischen Truppen gegenwärtig notwendig sei und ihnen der Aufenthalt unmöglich geworden wäre, wenn solche Angriffe ungestraft geblieben wären [3]). Wenn das Schöffengericht in Saarbrücken mit dem Fall befaßt worden wäre, hätte es den Schuldigen unzweifelhaft freigesprochen; die Berufungsinstanzen seien in Köln und Berlin [4]), über die Revision entscheide das Reichsgericht. So habe man der Militärgerichtsbarkeit freien Lauf gelassen. Wenn der in § 25 des Saarstatuts vorgesehene Gerichtshof geschaffen und die Gerichte dem deutschen Einfluß entzogen seien, würde die Ausnahmegerichtsbarkeit ein Ende finden.

Die Militärgerichte übten auch in anderen Fällen die Strafgerichtsbarkeit über die Bewohner des Saargebiets aus. Zwischen der Rege-

---

[1]) Nach Angabe der Regierungskommission soll der Passus dahin gelautet haben, daß die französischen Truppen bei der Besetzung von Frankfurt a. M. Frauen, Kinder und Greise massakriert hätten. Weißbuch, S. 131. J. O., Jahrgang 1920, Heft 4, Seite 196.

[2]) J. O. 1920, Heft 4, Seite 196.

[3]) Die im Saargebiet liegenden Truppen waren aber nicht beleidigt worden. Diese hatten an der Besetzung Frankfurts a. M. nicht teilgenommen.

[4]) Offensichtlich unrichtig. Nach dem damals geltenden Gerichtsverfassungsgesetz und der Strafprozeßordnung wäre die Strafkammer Saarbrücken zuständig gewesen, wenn sich das Schöffengericht in erster Instanz mit der Sache befaßt hätte.

lung, wie sie im besetzten rheinischen Gebiet bestand und der Praxis im Saargebiet, gab es offenbar kaum einen Unterschied. Allot nennt die damalige Situation „assez confuse" (S. 196). Besonderes Aufsehen erregte ein Kontumazialurteil vom 20. 10. 1920 gegen das ehemalige Mitglied der Nationalversammlung, Karl Ollmert, der wegen angeblichen Anschlags auf die Sicherheit des französischen Staates zur lebenslänglichen Deportation in ein befestigtes Lager verurteilt wurde. Dieses Urteil bildete den Anlaß zum Protest der Reichsregierung sowohl gegen die Anwesenheit der französischen Truppen, wie gegen die Kriegsgerichtsbarkeit. (Note vom 12. II. 1921.) Ihr Standpunkt war folgender: Französische Militärgerichte zählen nicht zu den in § 25 des Saarstatuts einzig vorgesehenen Gerichten, somit werden die Bewohner des Saargebiets ihrem zuständigen Richter entzogen. Die französischen Kriegsgerichte wenden ferner französisches Recht an und sprechen im Namen des französischen Volkes. Nach §§ 23 und 25 des Saarstatuts müssen aber die deutschen Gesetze fortgelten und alle gerichtlichen Entscheidungen im Namen der Regierungskommission ergehen. Auch ist es mit den Grundsätzen einer treuhänderischen Verwaltung unvereinbar, einem der interessierten Staaten eine bevorzugte Stellung einzuräumen und die Bewohner des Saargebiets seiner Gerichtsbarkeit zu unterwerfen. Eine Abschrift dieser Note ging an den Völkerbund [1]).

In einer weiteren Note vom 7. April 1921 kommt die Reichsregierung auf die Tätigkeit der französischen Kriegsgerichte zurück. Sie geht auf die Gründe ein, die Rault für die Notwendigkeit einer Verfolgung des Redakteurs Scherer angegeben hatte, und erklärt, daß die Regierungskommission eine reine Rechtsfrage lediglich nach politischen Gesichtspunkten entschieden habe [2]).

Die Regierungskommission beantwortete die deutschen Noten folgendermaßen: „Was die Rechtsprechung der Kriegsgerichte betrifft, so richtet die Regierungskommission, die in Zukunft das in den Bestimmungen des Friedensvertrages vorgesehene Obergericht zu ihrer Verfügung hat, die Zuständigkeit dieses Gerichtshofes derart ein, daß die Bewohner des Gebiets sich nur vor den Gerichten zu verantworten haben, vor denen sie einen Gerichtsstand haben nach Maßgabe der geltenden Gesetze und der im Völkerrecht gültigen Grundsätze; nach Maßgabe dieses Grundsatzes wird übrigens bereits seit mehreren Monaten verfahren" [3]).

---

[1]) Weißbuch, S. 139.
[2]) Weißbuch, S. 139.
[3]) Weißbuch, S. 143.

Am 4. Mai 1921 äußerte sich die Reichsregierung zu diesen Ausführungen:

„Die deutsche Regierung nimmt (zunächst) mit Befriedigung Kenntnis von den Bemerkungen der Regierungskommission über die französische Militärgerichtsbarkeit im Saargebiet. Sie glaubt, diese Bemerkungen dahin verstehen zu sollen, daß diese Gerichtsbarkeit beseitigt ist und nicht wieder eingerichtet werden wird[1])". Es sollte sich jedoch bald zeigen, daß die nicht gerade offenen und klaren Ausführungen der Regierungskommission in einem anderen Sinne zu verstehen waren.

Besondere Beachtung verdienen die Ausführungen Koos in der Sitzung des Völkerbundrates vom 20. Juni 1921 zu der Frage der Militärgerichtsbarkeit[2]). Er führte aus:

„Was die Rechtsprechung der Kriegsgerichte im Saarbecken anbetrifft, so ergibt sich bei einer Prüfung der §§ 23 und 25 der Anlage zu den Art. 45 bis 50 des Versailler Vertrags in unanfechtbarer Weise, daß zu normalen Zeiten die Ausübung der Justiz im Saarbecken nur im Namen der Regierungskommission und gemäß den am 11. November 1918 geltenden Gesetzen stattfinden darf, vorbehaltlich der Änderungen, die die Regierungskommission nach Anhörung der gewählten Vertreter der Bevölkerung vornimmt, und daß diese Gesetze lediglich von den in § 25 bezeichneten Gerichten angewandt werden dürfen. Es ergibt sich hieraus, daß es im Widerspruch zum Friedensvertrag stände, wenn über die Einwohner Recht gesprochen würde durch Kriegsgerichte oder auf Grund von anderen Gesetzen als den eben bezeichneten. Die Regierungskommission erkennt an, daß dies die Folge der Bestimmungen des Vertrages ist und erklärt, daß sie Maßnahmen getroffen hat, die bereits seit mehreren Monaten zur Anwendung gelangen, um jede Ausübung der richterlichen Gewalt durch Kriegsgerichte, die im Widerspruch zum Friedensvertrag stehen könnten, zu unterbinden." Man müsse jedoch, fährt der Berichterstatter fort, anerkennen, daß es der Reg.-Kom. „vielleicht" unmöglich gewesen sei, eine zweckdienliche Rechtsprechung durch die ordentlichen Gerichte sicherzustellen, und es dürfte in solchen Fällen schwer fallen, der Regierungskommission als der obersten Exekutivgewalt das Recht abzusprechen, die Zuständigkeit der Kriegsgerichte in einem für notwendig erachteten Maße zu erweitern. Die Autorität dieser Gerichte sei vollkommen von der Regierungskommission, nicht von der Regierung

---

1) Weißbuch, S. 144.

2) Weißbuch, S. 150. J. O., 1921, S. 685.

des Landes abgeleitet, in dessen Dienst die Offiziere stehen. Diese Erwägungen gelten jedoch nur für wirklich außergewöhnliche Umstände und im Falle wirklicher Gefahr für die öffentliche Ordnung, Voraussetzungen, die sich jetzt, wo der Obergerichtshof für das Saarbecken errichtet sei, wahrscheinlich nicht mehr ergeben würden [1]). Das könne man auch als Antwort auf die rechtlichen Einwände der deutschen Regierung gegen die bisherigen Kriegsgerichtsurteile entgegenhalten.

Der Bericht Koos fand einstimmige Annahme; offensichtlich ging der Berichterstatter davon aus, daß die Tätigkeit der Kriegsgerichte ihr Ende gefunden habe, und daß sie höchstens für die Zeit von Unruhen wieder in Aktion treten würden. Auch Koo scheint den Ausführungen der Regierungskommission einen andern Sinn beigelegt zu haben, als diese mit ihren Andeutungen verband. Reichsregierung und Völkerbund sollten bald eines anderen belehrt werden.

Am 28. Juni 1921 erging die Verordnung der Regierungskommission über die Zuständigkeit der Gerichte über Zivil- und Militärpersonen [2]). Nach ihr sind zuständig:

Die Gerichte des Saargebiets (also die ordentlichen Gerichte) für alle von Zivilpersonen begangenen Delikte, die Kriegsgerichte der Garnisontruppen zur Aburteilung von Militärpersonen. (Nach dem Wortlaut einerlei, ob diese zu den Garnisontruppen gehören oder nicht.)

Von dieser grundsätzlichen Regelung macht aber die Verordnung 3 Ausnahmen zugunsten der Militärgerichtsbarkeit, indem sie das Kriegsgericht für zuständig erklärt:

1. bei Spionage, die die Sicherheit der mit der Aufrechterhaltung der Ordnung im Saargebiet beauftragten Truppen gefährdet, unbedingt;

2. bei gemeinschaftlicher Begehung strafbarer Handlung durch Zivil- und Militärpersonen wahlweise. In diesem Falle kann die Regierungskommission eine der beiden Gerichtsbarkeiten, die grundsätzlich zuständig bleiben, mit der Aburteilung beauftragen;

---

[1]) Der „Oberste Gerichtshof" in Saarlouis. Die Ernennungen (1 Schweizer 3 Franzosen, 1 Belgier, 1 Holländer, 1 Luxemburger, 1 Tscheche und 1 Richter aus dem Saargebiet) erfolgten durch Erlaß vom 15. 1. 1921, Amtsblatt Nr. 2, Jahrg. 1921.

[2]) Amtsblatt Nr. 10 vom 25. Juli 1921.

3. im Falle der Verhängung des Belagerungszustandes bestimmt eine Verordnung der Regierungskommission gleichzeitig, welche Zuständigkeit den Kriegsgerichten zukommt.

Über diese Regelung berichtete die Regierungskommission dem Völkerbund [1]), wobei ihre Darstellung der Rechtslage bei gemeinsamer Begehung einer strafbaren Handlung durch Zivil- und Militärpersonen nicht mit dem entsprechenden Text in der Verordnung übereinstimmt [2]).

Am 28. August 1922 protestierte die Reichsregierung gegen diese Regelung beim Völkerbund [3]). Die Verordnung sei nicht mit den Bestimmungen des Vertrags von Versailles noch mit dem Beschlusse des Rates vom 20. Juni 1921 in Einklang zu bringen. Dieser stelle, wie es sich auch in unanfechtbarer Weise aus den §§ 23 und 25 ergebe, fest, daß im Saargebiet nur im Namen der Regierungskommission und nur nach Maßgabe der im Saargebiet geltenden Gesetze von den vertraglich vorgesehenen Gerichten Recht gesprochen werden dürfe. Das habe auch Koo anerkannt, allerdings in seinem Bericht dazu gefügt, dies gelte für normale Zeiten. Wenn eine solche Unterscheidung auch nicht aus dem Vertrag gerechtfertigt werden könne, so würde diese Unterscheidung doch nur den dritten Fall (Ausnahmezustand) betreffen. In Durchbrechung des Grundsatzes, daß Kriegsgerichte nur im Kriege oder bei Ausnahmezuständen tätig sein dürfen, sehe die VO auch in anderen Fällen eine solche Gerichtsbarkeit vor. Da die französischen Gerichte immer nur französisches Recht anwenden würden und sie kein im Saarstatut vorgesehenes Gericht seien, stünde ihre Existenz im Saargebiet mit dem Versailler Vertrag im Widerspruch, der mit dem Hinweis, diese Gerichte hätten nur eine abgeleitete Zuständigkeit, nicht beseitigt werden könne. Denn dadurch verlören sie die erwähnten Eigenschaften nicht. Der gesetzliche Tatbestand der Spionage sei übrigens in der Verordnung nicht angegeben, ebensowenig die angedrohte Strafe. So werde diese Zuständigkeitsbestimmung Mittel zur Schaffung einer neuen Rechtsordnung im Saargebiet. Ferner sei jeder Belagerungszustand un-

---

[1]) Drucksache C. 264, M. 195, 1921, S. 7 ff., Weißbuch, S. 152.

[2]) Sie berichtete: Es soll in diesem Falle jede Art von Gericht ein Verfahren für sich einleiten, „wofern nicht die eine der anderen die Verfolgung überläßt." Nach Art. 4 der VO kann aber das Mitglied der Regierungskommission für die Justiz mit dem Kom. General der Saartruppen vereinbaren, welches Gericht die Verfolgung übernimmt; nicht das Zivilgericht beschließt die Überlassung, noch das Militärgericht, sondern Regierungskommission und Kom. General.

[3]) J. O. 1923 S. 84.

vereinbar mit dem System des § 30. Auch der Einwand, die Truppen, die mit der Aufrechterhaltung der Ordnung im Saargebiet betraut sind, könnten nicht ohne Schutz gelassen werden, ist rein praktischer Natur und würde lediglich beweisen, daß die Verwendung von französischen Truppen notwendigerweise eine weitere Vertragsverletzung zur Folge habe.

Die Antwort der Regierungskommission auf diese Ausführungen findet sich in einem Schreiben des Präsidenten Rault vom 9. Dezember 1922: Die Deutsche Regierung sei mit ihrer Annahme, daß Militärgerichte außerhalb des Belagerungszustandes und im Kriegsfalle nur Militärpersonen aburteilen dürften, im Irrtum; auch im Casablanca - Zwischenfall habe der deutsche Vertreter dies behauptet, das Haager Schiedsgericht habe aber diese Ansicht zurückgewiesen. Nach den geltenden Sätzen des Völkerrechts seien die Kriegsgerichte von Truppen auf fremden Staatsgebieten zuständig für die Aburteilung von Delikten der Truppenangehörigen selbst oder von solchen gegen die Truppe und ihre Angehörigen. Diese Lösung sei zugelassen, ohne daß zwischen einer kriegerischen Besetzung und der Anwesenheit fremder Truppen auf Grund eines anderen Titels zu unterscheiden sei. Es sei dies eine Konsequenz der Exterritorialität, die den Truppenkörpern im fremden Lande zuerkannt ist und die ihnen zusteht, einerlei, ob ihre Anwesenheit auf der Bewilligung des Aufenthaltsstaats beruhe oder nicht. Dies sei auch die Ansicht von Liszt [1]). Es sei bemerkenswert, daß kein Schriftsteller vorgeschlagen habe, zwischen Okkupationstruppen und Garnisontruppen zu unterscheiden.

Zur Unterstützung ihrer Ausführungen zitiert die Note fernerhin Corsi, L'Occupazione militare in tempo di guerra, S. 136, Pradier-Fodéré, Traité de Droit International Public, T. VII, Nr. 2976, S. 854, sowie Pillet, Le Droit de la Guerre, Paris 1892, T. II, S. 226. Der Grund für die Militärgerichtsbarkeit rühre aus der Tatsache her, daß die Truppen als eine Einheit organisiert, diszipliniert und geordnet seien, der es zustehe, mittels ihrer Organe nicht nur ihr eigenes Funktionieren (Gerichtsbarkeit über die Soldaten) zu überwachen, sondern auch sich gegen Angriffe von außen zu verteidigen. Sie zu zwingen, gegenüber strafbaren Handlungen, die sie bedrohen, machtlos zu bleiben, würde heißen, sie zu ermächtigen, das Recht der gesetzlichen Verteidigung anzurufen, auf die Gewalt mit Gewalt zu antworten. Als weiteren Beleg führt die Note den Vertrag vom 6. August 1764 zwischen der Republik Genua und Frankreich und

---

[1]) von Liszt, Völkerrecht. 9. Auflage, Seite 76.

den Vertrag zwischen Frankreich und Preußen vom 24. Februar 1812 an, in denen den Besatzungstruppen die Gerichtsbarkeit über die Zivilbevölkerung übertragen wurde, soweit es sich um Delikte gegen die Truppen handelte. Die Verordnung vom 28. Juni 1921 habe diese Kompetenz auf ein Minimum zurückgeschraubt.

Die Regelung bei gemeinschaftlicher Begehung von Straftaten durch Militär- und Zivilpersonen solle den Schwierigkeiten des Verfahrens und dem Skandal einer entgegengesetzten Entscheidung vorbeugen. Hinsichtlich der Spionage ergebe sich die Notwendigkeit von selbst, da gewisse geheim zu haltende Tatsachen nicht dem fremden Richter unterbreitet werden könnten. Die Zuständigkeit im Falle des Belagerungszustandes ergebe sich aus dem modernen Recht aller Nationen. Im übrigen werde in diesem Falle die Kompetenz durch die Regierungskommission bestimmt.

Jedes Gericht wende sein eigenes Recht an. § 23 des Saarstatuts sehe auch die Möglichkeit der Anwendung von fremdem Recht vor, z. B. des internationalen Privatrechtes. Nach dem Hinweis, daß seit Juni 1921 kein Fall mehr vorgekommen sei, in dem ein Kriegsgericht über eine Zivilperson geurteilt habe, schließt Präsident Rault unter Bezugnahme auf § 33 des Saarstatuts (Auslegungsbefugnis der Regierungskommission) mit der Versicherung, daß die Anwesenheit der französischen Truppen im Saargebiet den Bestimmungen des Versailler Vertrags entspreche.

Die Entschließung des Völkerbunds in der Sitzung vom 1. Februar 1923 war außerordentlich einfach:

„. . . Der Rat ist der Ansicht, daß diese Frage nicht erörtert zu werden braucht, weil sich seit seiner Entschließung vom 20. Juni 1921 kein Fall mehr zugetragen hatte [1].“

### b) Rechtliche Würdigung.

Bei Beurteilung dieses Streites muß zwischen der Frage, ob die Ausübung französischer Kriegsgerichtsbarkeit mit den Bestimmungen des Saarstatuts vereinbar ist, und der anderen Frage, ob nämlich an sich den Truppen auf fremdem Staatsgebiet nach den Regeln des Völkerrechts eine Gerichtsbarkeit zusteht, genau unterschieden werden.

Die von der Regierungskommission aufgestellte These über die Gerichtsbarkeit von Truppen auf fremdem Staatsgebiet ist in der Völkerrechtswissenschaft doch bestrittener, als es nach den Ausführungen der Regierungskommission den Anschein hat. Auch die

---

[1] J. O., 1923, S. 366, 230.

Staatenpraxis ist keineswegs einheitlich. Das Urteil des Haager Schiedsgerichts vom 22. 5. 1909 im Casablanca-Zwischenfall betrifft das Verhältnis der Jurisdiktion einer Okkupationstruppe zu der Konsulargerichtsbarkeit, regelt aber die hier aufgeworfenen Fragen nicht. Abgesehen davon, daß die in Betracht kommenden Rechtsfragen nicht erschöpfend gewürdigt sind, verkannte der Schiedsspruch das Wesen der nichtkriegerischen Besetzung. Seine Ausführungen in dieser Richtung sind recht lückenhaft und bedenklich [1]).

Um Klarheit zu gewinnen, sind bei der Lösung des gestellten Problems drei verschiedene Fälle auseinander zu halten, in denen die Militärgerichtsbarkeit von Truppen auf fremdem Staatsgebiet in Frage kommt.

1. Die Gerichtsbarkeit über Angehörige der Besatzungstruppen hinsichtlich rein militärischer Vergehen usw.

In diesem Falle sind Theorie und Praxis einig, daß lediglich die Truppe zur Aburteilung des Deliktes kompetent ist. Fauchille [2]) führt dazu aus: „Wenn ein Staat in Friedenszeiten ermächtigt worden ist, seine Truppen durch das Gebiet eines anderen Staates marschieren zu lassen, oder hält er im Einverständnis des Gebietsherrn ein Gebiet besetzt, dann entscheiden mehrere Schriftsteller und die Staatenpraxis läßt es zu, daß die fremden Truppen der Gerichtsbarkeit des örtlichen Gebietsherrn teilweise nicht unterstehen. Dies ist durchaus unbestreitbar hinsichtlich der Dienstvergehen, der Verfehlungen gegen die Disziplin und der rein militärischen Delikte. Der Staat, dessen Gebiet besetzt oder durchschritten wird, hat keinerlei Interesse an deren Unterdrückung." Das Gleiche wird übrigens auch für den Fall der nichtvereinbarten friedlichen Besetzung zu gelten haben.

2. Bestrittener ist die Rechtslage hinsichtlich der Delikte des gemeinen Rechts. Soweit durch die Tat lediglich Interessen der Truppe selbst oder ihrer Angehörigen verletzt worden sind, muß für die Verfolgung das gleiche gelten wie für die rein militärischen Delikte. Diese Konsequenz ziehen auch alle diejenigen, die eine grundsätzliche Exemtion der fremden Truppen von der örtlichen

[1]) So auch Opet, Art. Casablanca-Zwischenfall. Strupp, Wörterbuch des Völkerrechts, S. 185. Vgl. auch dazu von Bar, Der Casablanca-Streitfall zwischen dem Deutschen Reich und Frankreich bei Schücking, Werk vom Haag, 2. Serie, 1. Band, 2. Teil, 1917, S. 22 ff.

[2]) Fauchille, Traité de droit international public. 8. Auflage, 1922, Nr. 266; übrigens gleichlautend schon 6. Auflage, Nr. 266.

Gerichtsbarkeit ablehnen [1]). Wenn durch die Tat aber Einwohner des besetzten Gebietes verletzt oder die öffentliche Ruhe gestört wurde, sind nach den Ausführungen von Rivier [2]), Fauchille [3]), und von Bar [4]) die örtlichen Behörden zur Aburteilung und Bestrafung des Täters zuständig. So sehr die noch zu behandelnden Gründe anzuerkennen sind, die für eine solche Regelung sprechen, lehnt mit Recht die überwiegende Meinung in der Theorie diese Ansicht ab, da sie im Gegensatz zu dem allgemein anerkannten Prinzip der Exterritorialität steht, aus der sich eine Exemtion von der inländischen Gerichtsbarkeit ergibt. Auch die Staatenpraxis bestätigt, wie Robin und Travers [5]) nachgewiesen haben, die herrschende Ansicht.

Für die nichtvereinbarte Besetzung muß ein gleiches angenommen werden.

3. Umstrittener ist der letzte Fall. Die im Schreiben der Regierungskommission vom 9. Dezember 1922 genannten Schriftsteller [6]) vertreten die Ansicht, daß Truppen auf fremdem Staatsgebiet auch über dessen Bewohner eine Gerichtsbarkeit haben, soweit es sich um Delikte gegen die Sicherheit der Truppe selbst oder gegen Personen handelt, die zur Truppe gehören (also auch Heeresgefolge). Hinsichtlich der kriegerischen Besetzung ist das Vorhandensein eines solchen Rechtssatzes unbestreitbar; die von Robin und anderen vertretene Ansicht [7]), daß sich hieraus die Anwendbarkeit auch bei der nichtkriegerischen Besetzung ergebe, ist jedoch abzulehnen. Denn beide Institute sind nach Wesen und Zweck grundverschieden, wie sich schon aus der oben gezeigten Verschiedenheit des Begriffes „Besetzung" ergibt, besonders wenn

---

[1]) Fauchille, a.a.O.

[2]) Rivier, Principes de droit des gens. T. I. S. 333.

[3]) Fauchille, Nr. 266.

[4]) v. Bar, Das Internationale Privat- und Strafrecht. 1862, S. 575. Vgl. dazu Beling, Die strafrechtliche Bedeutung der Exterritorialität Breslau 1896, S. 149. Fiore, Traité de droit pénal international, § 30. Heyking, L'exterritorialité. Paris 1926, S. 188. und Meili, Lehrbuch des Internationalen Strafrechts und Strafprozeßrechts, Zürich 1910, S. 334.

[5]) Robin, S. 641. Travers, Le droit pénal international et sa mise en œuvre en temps de paix et en temps de guerre. Paris 1920—1922, T. I., Seite 273 ff.

[6]) Auffallenderweise nennt das Schreiben diejenigen nicht, die sich am eingehendsten mit der Frage beschäftigt haben, Robin und Ruzé. Travers ist erst 1922 voll erschienen.

[7]) Robin, S. 652, Ruzé, La juridiction des armées d'occupation en ce qui concerne leur propre protection, in Revue générale de droit international public 1909, S. 154.

es sich um eine vereinbarte nichtkriegerische Besetzung handelt [1]). Die Behauptung Robins bedarf erst eines weiteren Nachweises, der von ihm auch versucht wird, allerdings nicht mit Argumenten rechtlicher Art, worüber unten noch zu handeln sein wird. Von der stattlichen Anzahl der Schriftsteller, die Robin zur Begründung seiner Ansicht Seite 635, 636 zitiert, müssen also diejenigen ausscheiden, die lediglich den Fall der kriegerischen Besetzung behandeln, z. B. Bluntschli [2]), Nys [3]), Lorriot [4]), Bray [5]), Petit [6]), und andere mehr. Wieder andere begnügen sich mit einem Hinweis auf die Exterritorialität oder auf die Analogie mit fremden Kriegsschiffen, so z. B. Liszt [7]), Holtzendorff [8]). Aus der Exterritorialität ergibt sich aber noch nicht das Recht der Gerichtsbarkeit über die Einwohner des Landes, in dem sich der Exterritoriale aufhält; die Analogie mit fremden Kriegsschiffen ist überdies in mehreren Punkten ungenau. Wie Robin auch selbst ausführt [9]), unterscheiden manche Schriftsteller nicht immer zwischen der kriegerischen und nichtkriegerischen Besetzung. Er führt selbst Bry, Piédeliève, Martens, Sumner-Maine und andere an.

Rivier und Fauchille nehmen, wie noch zu zeigen sein wird, einen entgegengesetzten Standpunkt ein, ebenso scheinen Wheaton und Féraud-Girard eine Gerichtsbarkeit über die Bewohner abzulehnen [10]).

---

1) Über die Verschiedenheit beider Institute auch Cavaré, a.a.O., S. 341: „C'est qu'en réalité il existe entre les deux occupations une différence de nature qui les distingue profondément.“ Daß die Exterritorialität und ihre Wirkungen nicht in allen Fällen der Okkupation gleich sind, hebt auch Praag, Juridiction et droit international public, La Haye 1915, S. 492, hervor.

Bedenklich sind die Ausführungen von Roux zum Urteil des französischen Kassationshofes vom 31. Juli 1913 in Sirey, Recueil général des lois et des arrêts 1915, S. 57, der die Grenzen zwischen der kriegerischen und der nichtkriegerischen Besetzung fast vollständig zu verwischen sucht.

2) Das Kriegsrecht der zivilisierten Staaten. Nördlingen 1878, S. 529 ff.

3) Le droit international, Brüssel 1912. T. III. S. 248.

4) De la nature de l'occupation de guerre. Paris 1903, S. 203 ff.

5) Droit international de l'occupation militaire en temps de guerre. Paris 1894, S. 310 ff.

6) De l'administration de la justice en territoire occupé. Paris 1900, S. 205 ff.

7) Liszt-Fleischmann, S. 135. Liszt, a.a.O., S. 76.

8) Holtzendorff, Handbuch des Völkerrechts. II. Teil, S. 664.

9) Robin, S. 655.

10) Robin, S. 656.

Nast[1]) nimmt eine beschränkte Gerichtsbarkeit der Besatzungstruppen über die Bevölkerung an, denn er führt unter Hinweis auf die Bestimmung des Art. 3e des Rheinland-Abkommens, wonach Personen, die sich eines Verbrechens oder Vergehens gegen Personen oder Eigentum der alliierten Streitkräfte schuldig machen, vor das Militärgericht gezogen werden können, aus, daß ohne diese Bestimmung die französischen Gerichte Straftaten des gemeinen Rechts gegen Angehörige der Besatzungstruppen nicht hätten aburteilen können. Zweifellos treffe der Artikel 63 des französischen Militärstrafgesetzbuches trotz seiner ausdehnenden Auslegung der französischen Gerichte[2]) nur für Delikte zu, die im Militärstrafgesetzbuch (titre II, IV) vorgesehen seien.

Den Standpunkt der Regierungskommission vertreten hauptsächlich Corso, Pradier-Fodéré, Robin, Ruzé und Travers, von denen aber nur die drei letzten[3]) die Frage ausführlich behandelt haben. Die Gründe, die sie für die Richtigkeit ihrer Ansicht bringen, sind rechtlicher, politischer und rein praktischer Art. In rechtlicher Beziehung leiten sie die Gerichtsbarkeit aus dem Umstand ab, daß die Truppe auf fremdem Staatsgebiet ein Teil (démembrement) des Staates ist, dem sie angehört, sie habe es deshalb nicht nötig, zu einer fremden Gerichtsbarkeit zu gehen, um Schutz und Genugtuung zu erhalten. Diese Betrachtungsweise ist rein äußerlich, vielleicht beeinflußt durch eine falsche Auslegung des Begriffs exterritorial. Dadurch, daß die Truppe, wenn auch Teil eines fremden

---

[1]) Nast, De la situation juridique en territoire allemand occupé des militaires de l'armée francaise du Rhin in Revue du droit international privé et droit pénal international 1920, S. 381.

[2]) Art. 63 des französischen Militärstrafgesetzbuches bestimmt, daß durch die Kriegsgerichte einer Armee, die sich in feindlichem Gebiet befindet, alle Personen abzuurteilen sind, die sich eines Verbrechens oder Vergehens der Titel II. und III. des Militärstrafgesetzbuches schuldig gemacht haben. In ständiger Rechtssprechung haben die französischen Gerichte erkannt, daß unter feindlichem Gebiet auch das fremde Staatsgebiet zu verstehen ist, vgl. Entscheidung des Kassationshofes vom 31. Juli 1913, bei Sirey, Recueil général des lois et des arrêts, S. 57, und die dort aufgeführten Entscheidungen. Die Ausdehnung des Begriffes „feindlich" auf die Fälle, in denen kein Kriegszustand zwischen Frankreich und der Macht bestehe, deren Gebiet besetzt ist, erscheint sehr bedenklich und führt zu Widersprüchen zum geltenden Recht der nicht kriegerischen Besetzung.

[3]) Die Ausführungen von Ruzé und Robin, ebenso Pradier-Fodéré und Travers, sowie die Ausführungen von N. N. „De la juridiction des armées d'occupation en matière de délits commis par des étrangers contre les militaires in Journal de droit international privé et de la jurisprudence comparée," 1882, S. 515, stimmen in großen Teilen fast wortwörtlich miteinander überein, besonders hinsichtlich der Begründungen.

Staates, sich in dem Machtbereich eines anderen Staates begibt, rechtfertigt sich noch nicht die Annahme, daß zugunsten dieses fremden Truppenkörpers oder, ebenfalls bildlich gesprochen, dieses Fremdkörpers im Herrschaftsgebiet, die staatliche Macht zurückweicht. Viel eher ist anzunehmen, daß die Staatsgewalt, die regelmäßig alles umfaßt, was auf dem Staatsgebiet sich aufhält, dies auch bei fremden Truppen genau so wie bei sonstigen Angehörigen einer fremden Macht tut. Der Umstand, daß eine Organisation im Staate die Möglichkeit hat oder hätte, sich selbst zu schützen und durch ihre Organe Recht sprechen zu lassen, befreit sie noch lange nicht von der Gerichtshoheit des Staates. Der Begriff Exterritorialität ist übrigens lediglich eine Fiktion, die fremden Truppen gegenüber um so weniger angebracht erscheint, als diese innerhalb des Territoriums im gewissen Umfange die staatliche Autorität tatsächlich beiseite schieben. Ob dies auch hinsichtlich der Gerichtsbarkeit gilt, ist eben die bestrittene Frage.

Fiore [1]), Wheaton [2]), Calvo [3]) sehen in der Erteilung der Durchzugs- oder Besatzungserlaubnis einen stillschweigenden Verzicht auf einen Teil der eigenen Gerichtsbarkeit unter Übertragung auf den Okkupanten. Mit Recht wird diese Theorie von Robin abgelehnt, der auf die Rechtslage in den Kapitulationsländern aufmerksam macht, wo eine nochmalige Übertragung nicht erfolgen könnte, abgesehen davon, daß die Gerichtsbarkeit an sich unübertragbar ist. Schließlich umfaßt die nichtkriegerische Besetzung auch andere Fälle als die vereinbarten.

Übereinstimmend billigen Robin, Pradier-Fodéré, Ruzé und Travers der durchmarschierenden Truppe eine Art Notwehrrecht zu. Ein solches kann nicht bestritten werden. Auch der einzelne Staatsbürger ist berechtigt, einen rechtswidrigen Angriff mit Gewalt zurückzuweisen. Das Notwehrrecht dauert aber nur so lange, als der Angriff droht, während die genannten Schriftsteller durch Einräumung einer Gerichtsbarkeit dieses Recht über die Dauer des Angriffes hinaus ausdehnen. Die Gründe, die sie dafür anführen beruhen auf Zweckmäßigkeitserwägungen.

Von den fremden Gerichten nehmen ferner diese Schriftsteller ohne weiteres an, daß sie parteilich urteilen, wobei aber offen bleibt, ob bei den fremden Kriegsgerichten nicht auch dieselbe Gefahr besteht. Ruzé führt aus, daß die kriegerische und die

---

[1]) Fiore, Taratto di Diritto internazionale publico. Turin 1887, § 528ff.

[2]) Wheaton, Elements of international law. Fifth english edition, London 1916, S. 155.

[3]) Le droit international, Paris 1880, T. I, § 624.

nichtkriegerische Besetzung in ihrem Ziel identisch seien. „Wenn der Okkupant nicht immer das Recht hätte, sich durch seine Gerichtsbarkeit ebenso gut zu verteidigen als durch seine Waffen, wäre für ihn in Wirklichkeit eine Besetzung nicht möglich[1]).“ Bei einer solchen Einstellung besteht die Gefahr, daß die Gerichtsbarkeit Waffe zur Durchführung einer Okkupation wird, zumal in den meisten Fällen die nichtkriegerische Okkupation gar nicht der Verteidigung dient und die Grenzen zwischen Angriff und Verteidigung auf militärischem Gebiet wie auch bei der Ausübung der Gerichtsbarkeit verwischt werden. Die Urteile der französischen Kriegsgerichte zur Zeit der Ruhrbesetzung sind in dieser Beziehung eindeutige Beispiele.

Überzeugender ist schon die Begründung, daß die Versagung einer eigenen Gerichtsbarkeit aus psychologischen Gründen dazu führe, daß die Truppe zu Gewalttaten schreiten könnte. Doch sollte hier nicht verkannt werden, daß auch durch ein Urteil Gewalt geschehen kann, die dann noch mehr abzulehnen ist, weil sie in den Formen des „Rechts“ geschieht.

Ein weiteres Argument, die Truppe könne als Teil des souveränen Staates sich nicht einer fremden Gebietshoheit unterstellen, beruht auf politischen Erwägungen und trifft im 3. Fall nur bedingt zu. Die Besetzung ist Machtäußerung eines Staates auf fremdem Staatsgebiet, und das Bestreben, diese Machtäußerung nicht zu schwächen, erklärt auch die Tendenz, die Truppen in jeglicher Beziehung der Kompetenz des besetzten Gebiets zu entziehen.

Anzuerkennen sind folgende Gründe rein praktischer Art: Die Truppe ist eine Geschlossenheit, die durch die Einmischung einer fremden Gerichtsbarkeit gestört werden kann. Zum Beispiel würde ein Verfahren im Falle eines raschen Durchzuges durch ein Land die Soldaten, die als Zeugen dem Gerichtsverfahren beiwohnen müssen, von der Truppe trennen, unter Umständen auch die Führer.

Die von Robin und anderen vertretene These weist also eine Menge von Nachteilen auf, kommt aber den Bedürfnissen des Militärs — allerdings auf Kosten der Bevölkerung — im vollen Umfange entgegen. Die rein rechtliche Begründung ist äußerst schwach.

Den entgegengesetzten Standpunkt vertritt außer anderen besonders Fauchille [2]), der, von dem Begriff Gebietshoheit aus-

---

[1]) Ruzé S. 146.

[2]) Fauchille, Nr. 266.

gehend, eine Gerichtsbarkeit des nichtkriegerischen Okkupanten über die Bevölkerung ablehnt und sich dabei auf die Staatenpraxis stützt. „Diese Regeln wurden angewandt, als im Jahre 1859 die französische Armee in Piémont eindrang mit dem Ziel, im Krieg gegen Österreich eine Übereinstimmung mit der Armee Victor Emanuels herzustellen. So war auch die Lage in Rom während der französischen Besetzung von 1849 bis 1866 und von 1867 bis 1870." Er zitiert auch das Dekret des Khediven vom 25. Februar 1895, das ein besonderes Gericht einsetzte, um in bestimmten Fällen die Verbrechen und Vergehen der Eingeborenen gegen die englische Besatzungsarmee in Ägypten abzuurteilen. Er hätte auch auf die deutsche Praxis bei der Besetzung der östlichen Provinzen Frankreichs 1871 bis 1873 aufmerksam machen können. Die deutschen Militärbehörden überliesen französische Bewohner des besetzten Gebietes, die aus dem Hinterhalt deutsche Soldaten ermordet hatten, den französischen Gerichten zur Bestrafung [1]). Während der Verhängung des Belagerungszustandes hatte die Truppe das Recht, alle Vergehen gegen die öffentliche Ordnung vor ein Militärgericht zu ziehen, Nachforschungen nach den unbekannten Tätern blieben aber auch in diesem Falle Aufgabe der französischen Polizei [2]). Auch während der Besetzung Spaniens durch französische Truppen waren auf Grund des Abkommens vom 9. Februar 1824, Artikel 7, Vergehen gegen die Besatzungstruppen durch ein spanisches Gericht, das eigens zu diesem Zwecke eingesetzt wurde, abzuurteilen, nicht durch die französischen Kriegsgerichte.

Fauchille verweist zur Begründung seiner Ansicht ferner auf die französische Praxis gegenüber der englischen, belgischen, portugiesischen, serbischen und italienischen Besetzungsarmeen während des Weltkrieges. Die Entwicklung ist in dieser Beziehung besonders interessant und lehrreich. Das Kriegsgeschick brachte es mit sich,

---

[1]) Robin, S. 358, Pradier-Fodéré, T. VII, S. 904 ff. Die Fälle Bertin und Tonnelet erregten besonders Aufsehen, da die Schwurgerichte Seine-et-Marne und Seine die Täter freisprachen. Robin spricht von einer „bedauernswerten" Nachsicht, S. 360. Die Fälle zeigen aber, daß das französische Mißtrauen gegen die Unparteilichkeit der Gerichte nicht unbegründet ist.

[2]) Robin, S. 336. Aus seinen Ausführungen geht ebensowenig wie aus den Ausführungen von May, Le Traité de Francfort, Paris 1909 hervor, mit welchen Schwierigkeiten die Besatzungsarmee bei der Verfolgung von Anschlägen gegen die Truppen zu kämpfen hatte. Näheres bei Linnebach, Deutschland als Sieger im besetzten Frankreich 1871, Berlin 1924, der nicht weniger als neun Vorfälle aufzählt, bei denen Angehörige der Besatzungsarmee getötet wurden, außerdem viele Fälle von Verletzungen (S. 110 ff.).

daß Armeen der verschiedensten im Weltkrieg verbündeten Staaten auf französischem Boden kämpften, französische Armeen im Gebiet der Verbündeten. Die Frage der Gerichtsbarkeit dieser Truppen gegenüber der Bevölkerung des von ihnen besetzten Gebiets (Front und Etappe sowie Standorte) wurde in allen Fällen durch besondere Abkommen geregelt. Die erste Vereinbarung dieser Art wurde bereits am 14. August 1914 zwischen Frankreich und Belgien abgeschlossen und am 23. Mai 1915 vervollständigt [1]). Absatz 1 lautet: „Le gouvernement de la République française et le gouvernement de S. M. le roi des Belges sont d'accord pour reconnaître, pendant la présente guerre, la juridiction exclusive des tribunaux de leurs armées d'opérations respectives à l'égard des personnes appartenant à ces armées, quels que soient le territoire où elles se trouvent et la nationalité des inculpés." Die folgenden Absätze betreffen den Fall der Mittäterschaft, der letzte Absatz lautet: Les deux gouvernements sont aussi d'accord pour reconnaître, pendant la présente guerre, la juridiction exclusive en territoire français des tribunaux français à l'égard des personnes étrangères à l'armée belge qui commettraient des actes préjudiciables à cette armée et la juridiction exclusive en territoire belge des tribunaux belges à l'égard des personnes étrangères à l'armée française qui commettraient des actes préjudiciables à ladite armée. Die englisch-französischen Beziehungen wurden in einem Abkommen, das im Journal officiel français vom 15. Dezember 1914 veröffentlicht worden ist, in gleicher Weise geregelt, ebenso die Abkommen Frankreichs mit Serbien (Journal officiel vom 14. Dezember 1916), mit Italien (Journal officiel vom 1. September 1917, mit Portugal (Journal officiel vom 15. Oktober 1917) und mit den Vereinigten Staaten (Journal officiel vom 16. Februar 1918). Alle Abmachungen weisen nur hinsichtlich des Heeresgefolges hier nicht interessierende Verschiedenheiten auf.

Die Regelung zeigt, daß Frankreich sogar seinen Verbündeten keine Gerichtsbarkeit über die Bewohner des besetzten französischen Gebietes, auch nicht über Fremde einräumte, die sich in Frankreich aufhielten.

Auch Artikel 3 Ziffer e des Rheinlandabkommens beläßt grundsätzlich die deutsche Gerichtsbarkeit hinsichtlich Personen, die sich eines Verbrechens oder Vergehens gegen Personen oder Eigentum der alliierten Streitkräfte schuldig machen, doch können

[1]) Journal officiel français 1916, S. 809. Vgl. auch Travers, § 351, S. 461.

die Schuldigen vor das Militärgericht gezogen werden, eine Ermächtigung, von der die Besatzungsmächte allerdings regelmäßig Gebrauch machen.

In Luxemburg, das von 1918 bis 1924 von französischen Truppen besetzt war, stand den Franzosen eine Gerichtsbarkeit über die Landesbewohner ebenfalls nicht zu. Von einem Abkommen, in dem Frankreich auf eine solche Gerichtsbarkeit verzichtet hat, ist nichts bekannt. Straftaten gegen Angehörige der Besatzungsarmee wurden durch die ordentlichen Gerichte abgeurteilt. So berichten die luxemburgischen Zeitungen vom 6. Dezember 1923 über eine Sitzung des luxemburgischen Zuchtpolizeigerichtes vom 5. Dezember 1923 folgendes:

„Am 11. November war in der Wirtschaft Reuter zu Pfaffenthal zwischen einigen französischen Soldaten des 20. Jägerbataillons und mehrern dortigen Arbeitern eine Schlägerei ausgebrochen, bei der ein französischer Soldat durch einen Messerstich schwer verletzt worden war. Die Arbeiter wurden zu Gefängnisstrafen von 4 Monaten bzw. 2 Monaten bzw. 1 Monat Gefängnis und außerdem zu einer Geldbuße von 100 Francs verurteilt."

Somit erhalten wir folgendes Bild: In der Theorie werden zwei einander entgegengesetzte Meinungen vertreten. Die Praxis ist geteilt. Denn auch Robin Ruzé, und andere belegen ihre Meinung durch eine Anzahl von Beispielen und Urteilen der Gerichte. So führt Robin Fälle aus der Besetzung Roms 1865, Mexikos 1665, Tunis 1881, Madagaskar 1894, Marokko 1907 durch Frankreich, von Bosnien-Herzegowina 1878 durch Österreich, Cyperns 1897 durch England usw. an.

Gerade aus der rein empirischen Betrachtungsweise ergibt sich aber auch die Ursache für die verschiedene Auffassung beider Ansichten. Robin, Ruzé und andere trennen nicht die Fälle der vereinbarten Besetzung von den im Verlauf der kolonialen Expansion Frankreichs mit mehr oder minder starkem Zwang durchgeführten Besetzungen, beispielsweise Madagaskars; auch in Bosnien-Herzegowina verlief die Besetzung recht kriegerisch. Fauchille bringt aber nur Fälle, in denen es sich um wirklich vereinbarte Besetzungen handelt. Auf dem Unterschied der Lage des Okkupanten in dem einen und anderen Fall beruht auch die Verschiedenheit der Staatenpraxis. Zweckgründe und politische Erwägungen sind, wie wir sahen, die einzigen Argumente, die für die Gerichtsbarkeit der Okkupationstruppen sprechen. Bei den vielen nichtkriegerischen Besetzungen Frankreichs auf kolonialem Boden (Tunis, Siam,

Marokko, Syrien usw.) ist der französische Standpunkt, der auch in Entscheidung der Gerichte, besonders des Kassationshofes vertreten wird, begreiflich [1]). Bei vereinbarter Besetzung in zivilisierten Ländern, insbesondere Frankreichs selbst, erwies er sich als undurchführbar und mußte aufgegeben werden.

Aus dieser Feststellung ergibt sich aber, daß die Gerichtsbarkeit über die Bewohner des besetzten Gebiets nicht aus dem Wesen der nichtkriegerischen Besetzung selbst resultiert, sondern daß sie, wie viele andere Befugnisse des Okkupanten, die sich mit der Art, dem Ziel und dem Zweck der Besetzung ändern, ein Recht ist, das lediglich unter besonderen Umständen zur Durchführung und Aufrechterhaltung der Besetzung vom Okkupanten in Anspruch genommen werden kann. Cavaré hat an anderer Stelle [2]) den Satz aufgestellt, daß der Okkupant die Handlungen vernehmen darf, welche für die Sicherheit seiner Armee notwenwendig sind. Wenn auch dem Satze in dieser allgemeinen Fassung nicht zuzustimmen ist, insbesondere mit Heyland auf die durch die Normen des Kriegsrechts und die Grundsätze der Humanität gesteckten Grenzen hingewiesen werden muß, so ist doch der darin liegende Grundgedanke richtig, daß die Rechte des Okkupanten zum Schutze der Truppen nicht grundsätzlich festgelegt sind, sondern daß sich ihr Umfang erst aus der Notwendigkeit des einzelnen Falles ergibt. Das gilt auch hinsichtlich der Gerichtsbarkeit, die ihrem Wesen nach Selbsthilfe beim Fehlen gewisser Voraussetzungen und nur in diesem Falle rechtlich begründet ist. Aus der Nichtbeachtung dieses Momentes, das für die Staatenpraxis ausschlaggebend ist, erklärt sich der Streit in der Theorie. Pflicht des Staates, der in die Besetzung seines Gebietes einwilligt, ist es auch, die Truppen gegen Angriffe zu schützen und im Falle der Verletzung den Täter zur Strafe zu ziehen. Daher belassen auch alle Abkommen, die unter normalen Verhältnissen abgeschlossen werden, grundsätzlich die Gerichtsbarkeit des besetzten Staates. Wo der besetzte Staat selbst nicht in der Lage ist, diese Verpflichtung zu erfüllen, rechtfertigt sich die Selbsthilfe des Okkupanten, also im Falle der Desorganisation oder des Fehlens von Gerichtsbehörden, oder wenn die Staatsgewalt selbst nicht mehr die nötige Macht

---

[1]) Besonders deutlich tritt der Zusammenhang zwischen der kolonialen Besetzung und der französischen Theorie und Praxis in den Ausführungen von Ruzé zutage.

[2]) Cavaré, a. a. O., S. 348, der aber nicht die Konsequenz zieht, die sich daraus ergibt.

hat, ihre Anordnungen durchzusetzen, wie in unkultivierten Ländern und beim Fehlen von Nachrichten- und Verkehrsmitteln.

Huguet[1]) entgeht es nicht, daß die Beschränkung, welche die örtliche Gebietshoheit durch die Anwesenheit fremder Truppen erleidet, auf dem Gebiete der Gerichtsbarkeit abstufungsfähig ist, daß Natur, Ziel und Wesen, Charakter und Objekt der Besetzung und die Beziehung der beiden Staaten zueinander, entscheidend werden für die Frage, ob den Okkupationstruppen eine Gerichtsbarkeit zusteht. Im Hinblick auf die Regelung, wie sie zwischen den alliierten Mächten im Weltkrieg erfolgt ist, führt er aus: „Dem Staate, dem diese Armee angehört, eine höhere Gewalt über die der lokalen Gebietshoheit zuerkennen, wäre ungerechtfertigt." Auch er will nur die Fälle ausgeschieden wissen, in denen die lokale Behörde keine tatsächliche Autorität hat oder nicht mehr hat oder nichts unternimmt, um die Sicherheit und die Mission der Truppen zu schützen.

Roux[2]) rechtfertigt die oben erwähnte Entscheidung des Kassationshofes vom 31. Juli 1913 mit den Worten: „Cette solution se justifie par l'impuissance, volontaire ou non, des autorités territoriales à assurer à l'armée d'occupation une protection suffisante."

Jede Besetzung ist Einschränkung der lokalen Staatsgewalt; man wird daher beim Fehlen näherer Vereinbarungen den Schluß ziehen müssen, daß der Gebietsherr nur soweit in eine Einschränkung der eigenen Staatsgewalt eingewilligt hat, als dies zur Durchführung oder Aufrechterhaltung der Besetzung nötig ist[3]). Dazu gehört aber die Gerichtsbarkeit über die Bewohner

---

[1]) Huguet, Le droit pénal de la Rhénanie occupée, Paris, 1923, Seite 11 und 13.

[2]) Roux, in Revue du droit public et de la science politique, 1915, Seite 717.

[3]) Eine eigentümliche Anschauung vertritt Cavaré a. a. O., S. 358. Er meint, daß man bei der kriegerischen Besetzung restriktiv interpretieren müsse, um Exzessen der Okkupanten vorzubeugen, für die nichtkriegerische Besetzung treffe dieser Grund nicht zu, da der Okkupant und der Okkupierte auf friedlichem Fuße miteinander leben. Hier sei extensive Interpretation erlaubt. Es ist Cavaré nicht entgangen, daß auch bei vereinbarter Besetzung der Okkupant der stärkere ist. Er sollte den im Völkerrecht bisher allgemein anerkannten Grundsatz, daß im Zweifel für den zu interpretieren ist, der belastet wird, nicht abzuleugnen versuchen. Auch der Code civil stellt diesen Satz als allgemein gültige Auslegungsregel auf: Art. 1162. Dans le doute, la convention s'interprète contre celui qui a stipulé, et en faveur de celui qui a contracté l'obligation.

des besetzten Gebietes normalerweise nicht. Eine solche wird man der neueren Staatenpraxis folgend nicht mehr annehmen dürfen, wenn es sich um eine vereinbarte nichtkriegerische Besetzung von längerer Dauer in einem zivilisierten Land, handelt. In diesem Falle treffen alle Argumente, die sich auf die Notwendigkeit einer raschen Justiz stützen, nicht zu. Da der Okkupant über die nötigen Standplätze verfügt, bringt ferner ein Gerichtsverfahren, das vereinbarungsgemäß am Garnisonsplatze stattfinden kann, keine Trennung der einzelnen Soldaten von der Truppe. Diese weiß sich in ihrer Sicherheit durch die lokalen Behörden geschützt. Bestehen begründete Zweifel an der Unparteilichkeit der Gerichte, so steht übrigens einer Nachprüfung der Einzelfälle durch ein gemischtes oder neutrales Schiedsgericht nichts im Weg, eine Anregung, die auf der zweiten Haager Friedenskonferenz sogar für den Fall der kriegerischen Besetzung gemacht wurde. Solche Weiterentwicklung des Völkerrechts liegt durchaus im Sinne einer zur Befriedung führenden Rechtsordnung, humanisiert das Besatzungsrecht und bietet sowohl den Truppen wie auch den Bewohnern des besetzten Gebiets die nötigen Garantien.

Im Falle einer Besetzung von kurzer Dauer oder eines raschen Durchzuges wird von Fall zu Fall zu entscheiden sein, ob bzw. wieweit die Gerichtsbarkeit über die Landesbewohner als völkerrechtlich erlaubtes Mittel zur Durchführung der Besetzung oder Sicherstellung des Durchmarsches angewendet werden darf. Maßgebend werden sein die Einstellung der lokalen Behörden und der Regierung des okkupierten Staates, die Frage, ob ein rasches Handeln und ein enger Zusammenschluß (z. B. bei gestattetem Durchzug zum Marsch auf den Kriegsschauplatz im Falle des Artikel 16 Absatz 3 der Völkerbundsakte) erforderlich ist; auch die Art des Deliktes wird von Bedeutung sein. Regelmäßig werden in diesen Fällen an die Erteilung des Durchmarsch- und Besetzungsrechts nähere Bedingungen zu knüpfen sein, die sowohl die Sicherheit der Truppen wie auch die Rechte der Bevölkerung gewährleisten. Für die nicht vereinbarten Fälle der friedlichen Besetzung gelten analoge Regeln. Im Falle der unerlaubten Besetzung hat der Okkupant keinerlei Rechte über die Bevölkerung[1]).

Die andere hier zu behandelnde Frage ist, ob die Ausübung einer fremden Gerichtsbarkeit mit den Bestimmungen des Saarstatuts vereinbar ist. Sie ist zu verneinen. Wellington Koo hat dies in nicht mißzuverstehender Weise in der Sitzung des Völkerbund-

[1]) Fauchille, Nr. 266.

rates vom 20. Juni 1921 getan. Nur im Namen der Regierungskommission darf Recht gesprochen werden. Als Garantie für die Bevölkerung bestimmt der § 25 des Saarstatuts die Beibehaltung der bestehenden Gerichte und sieht lediglich die Schaffung eines Obergerichtes vor, weil die bisherigen Instanzengerichte in Köln, Berlin und Leipzig liegen. Die deutschen Gesetze (auch die Strafgesetze und Strafprozeßgesetze) müssen nach dem Stand vom 11. November 1918 beibehalten bleiben. Der Hinweis darauf, daß die deutsche Gesetzgebung in gewissen Fällen die Anwendung fremder Rechtsnormen vorsieht, geht fehl. Gewiß schließt der § 23 des Saarstatuts die Anwendung ausländischer Rechtsnormen besonders des internationalen Privatrechts nicht aus, doch ist auch in diesem Falle vorausgesetzt, daß die Anwendung fremden Rechts durch die eigenen nationalen Gerichte erfolgt. Darum dreht sich aber im wesentlichen der Streit, und die Verletzung gerade dieser Garantie muß auf dem Gebiet der Strafrechtspflege als besonders schwer angesehen werden.

Gegen alle diese Bestimmungen verstößt die französische Militärgerichtsbarkeit. Die Anwesenheit einer fremden Armee im Saargebiet war nicht mit den Bestimmungen des Saarstatuts vereinbar. Nachdem der Völkerbundrat jedoch die Verwendung französischer „Garnisontruppen" als vorübergehende Maßnahme geduldet hatte, ergab sich hieraus die Notwendigkeit, den Truppen eine Gerichtsbarkeit in völkerrechtlich anerkanntem Umfange einzuräumen. Bei dem sich hieraus ergebenden, auch von Koo erkannten, Widerstreit mit den Bestimmungen des Saarstatuts mußte die Regierungskommission bemüht sein, die fremde Militärgerichtsbarkeit im engsten Rahmen zu halten. Sie durfte bei der Verschiedenheit der Meinungen in der Theorie nicht gerade diejenige vertreten, die sich am wenigsten mit dem im Saargebiet geltenden Recht in Einklang bringen ließ. Satt auf Fälle zu verweisen, die aus den Jahren 1764 und 1812 stammten, wäre es ihre Pflicht gewesen, unter Berufung auf die neueste Staatenpraxis mit Frankreich eine Regelung zu treffen, die — ähnlich wie die von Frankreich mit seinen Verbündeten während des Weltkrieges abgeschlossenen Abkommen — die Gerichtsbarkeit über die Bewohner des Saargebiets den ordentlichen Gerichten beließ. Eine solche Pflicht bestand für die Regierungskommission auch dann, wenn sie von der Auffassung ausging, daß im Zweifel die Gerichtsbarkeit über die Bewohner des besetzten Gebietes grundsätzlich dem Okkupanten zusteht. Diese Unterlassung läßt sich nicht, wie Allot S. 205 es versucht, mit dem Hinweis entschuldigen, daß die Gesetzgebung im Saargebiet größtenteils deutsch ist. Vollständig unhaltbar ist die Ansicht Huguets[1]), daß die von Frankreich auf Bitten der Regierungskommission im Saargebiet gelassenen Truppen deshalb eine Gerichtsbarkeit über die Landesbewohner haben müßten, weil die Regierungskommission nicht genügende tatsächliche Autorität besitze. Eine solche Annahme steht mit der Wirklichkeit in krassem Widerspruch. Wie sich aus einem noch darzulegenden Falle ergibt, waren die Gerichte des Saargebiets durchaus gewillt, die französischen Truppen gegen Angriffe zu schützen.

In Wirklichkeit hat auch die Regierungskommission den von ihr vertretenen Standpunkt nicht durchgeführt und die Landesgerichtsbarkeit grundsätzlich unberührt gelassen, indem sie nur insoweit Ausnahmefälle zuließ, als sie diese durch eine besondere Interessenlage und Notwendigkeit begründen zu können glaubte. Sie folgte also im Prinzip den hier dargelegten Grundsätzen.

Aber auch die von ihr geschaffenen Ausnahmefälle der Verordnung vom 28. Juni 1921 sind nicht haltbar; der Völkerbund hat sie übrigens nie anerkannt. Als vielmehr zu Tage trat, daß die Anwesenheit französischer Truppen nicht mit den von Koo aufgestellten Sätzen in Einklang zu bringen war, daß also die Anwesenheit des Militärs, die bereits damals zu einem Dauerzustand geworden war, eine weitere Vertragsverletzung nach sich ziehen mußte, entzog er sich einer Entscheidung. Seine Begründung, die er für ein solches Verhalten gibt, kann nicht als richtig anerkannt werden, denn Pflicht des Treuhänders ist es auch, einen bestehenden Unrechtszustand zu beseitigen, bevor ihm „Fälle" dazu Anlaß geben.

Der Beschluß des Völkerbundrats hat nur dann eine Berechtigung, wenn er als Wink an die Regierungskommission aufgefaßt werden kann, dafür zu sorgen, daß in Zukunft keine „Fälle" Anlaß zu einer weiteren Stellungnahme des Völkerbundrats geben.

Auf die 3 Ausnahmefälle soll noch im einzelnen eingegangen werden.

Die Kriegsgerichte sind gemäß Artikel 3 zuständig zur Aburteilung von Zivilpersonen irgend welcher Staatsangehörigkeit wegen eines im Saargebiet begangenen Spionageverbrechens oder Spionagevergehens, das sich gegen die Sicherheit der mit der Aufrechterhaltung der Ordnung im Saargebiet beauftragten Truppen richtet. Der gesetzliche Tatbestand enthält somit eine doppelte Einschränkung: Ein Angriff auf die Sicherheit der Truppe unterliegt nur der Militär-

---

[1]) A. a. O. S. 13.

gerichtsbarkeit der Besatzungsarmee, wenn er als Spionage qualifiziert ist. Fernerhin ist die Spionage nur dann verfolgbar, wenn sie sich gegen den Truppenteil richtet, der zur Zeit der Tat mit der Aufrechterhaltung der Ordnung im Saargebiet beauftragt ist. Unzulässig ist daher eine generelle Verfolgung der Spionage durch die französischen Kriegsgerichte der Saartruppen, auch wenn die Handlung gegen Frankreich gerichtet ist. An sich birgt jede Spionage eine mittelbare Bedrohung aller Truppenverbände der Macht in sich, gegen die sich die Späherei richtet; es muß hier aber ein Kausalzusammenhang zwischen der Tat und der Anwesenheit der Truppen bestehen. Nach dem Willen und der Begründung der Regierungskommission soll die Handlung strafbar sein, weil die Anwesenheit französischer Truppen nicht dazu benutzt werden darf, dieselben ungestraft auszuspähen. Da durch die „Verordnung betr. Abänderung der Justizgesetze und der nachfolgend genannten Einzelgesetze" vom 2. 8. 1921 (Amtsblatt der Regierungskommission des Saargebiets Nr. 11 vom 3. 8. 1921) die Paragraphen 87, 88, 89 R. Strafgesetzbuch gestrichen und im § 92 an Stelle der Worte „des Deutschen Reiches oder eines Bundesstaates" die Worte „des Saargebietes" getreten sind, konnte nach den geltenden Bestimmungen die Spionage zum Nachteil Frankreichs nicht verfolgt werden. Die Regierungskommission stellte jedoch die Strafbarkeit an sich fest, ohne aber die gesetzlichen Tatbestandsmerkmale für den Begriff Spionage zu geben, verwies also stillschweigend auf das geltende französische Recht. In dem Widerstreit zwischen den Rechten und dem Wohl der Bevölkerung einerseits und den Bedürfnissen der französischen Garnisontruppen, die der Hauptsache nach die französischen Bergwerke schützen und ihre Ausbeutung sicherstellen sollten, hat die Regierungskommission entgegen den Anweisungen des Völkerbundrates vom 13. 2. 1920 dem letzten Zweck den Vorrang zugewiesen.

Wie bereits ausgeführt, fallen alle übrigen Angriffe auf die Sicherheit der Truppen, wie überhaupt Angriffe auf die Truppe oder ihre Angehörigen, also auch Beleidigung, Diebstahl usw. — im Gegensatz zu der Regelung im besetzten rheinischen Gebiet — nicht unter die Zuständigkeit der Kriegsgerichte. In diesem Punkt hat sich die Regierungskommission den Bestimmungen des Saarstatuts weitgehend anzupassen versucht, um so die Fälle zu vermindern, in denen die Bewohner des Saargebiets ihrem gesetzlichen Richter entzogen würden. Die Ausführungen Koos sind wohl nicht ohne Eindruck geblieben. Anderseits muß festgestellt werden, daß sich die Bevölkerung den Truppen gegenüber musterhaft benommen hat, so daß nur in seltenen Fällen Angehörige der Truppen vor den ordentlichen Gerichten Recht suchten.

Ein Fall soll hier wegen seiner grundsätzlichen Bedeutung und seines Zusammenhangs mit der Truppenfrage nicht unerwähnt bleiben. In einer Wahlversammlung schilderte der Vorsitzende der Sozialdemokratischen Partei des Saargebiets, Valentin Schäfer, einen Vorfall, wonach ein Lademeister von einem französischen Offizier den dienstlichen Befehl erhalten habe, innerhalb weniger Minuten Seile und Keile zum Verladen von Automobilen herbeizuschaffen. Als der Lademeister darauf aufmerksam machte, daß er die geforderten Gegenstände nicht ohne weiteres besorgen könne, habe ihm der Offizier mit der Reitpeitsche gedroht. Der Kommandeur der Besatzungstruppen, General Brissaud-Desmaillet, stellte Strafantrag wegen Beleidigung des französischen Offizierkorps. Der Lademeister bekundete als Zeuge, daß der Offizier „etwas heiß geworden sei" und erregt mit der Reitpeitsche auf den Boden geschlagen habe. Seine zum Obergütervorsteher gemachte Äußerung, er habe Befehl erhalten, hielt er nicht mehr aufrecht. Das Gericht kam zu einer Verurteilung Schäfers, wobei es die Ausführung des Verteidigers, daß zur Stellung des Strafantrags nur diejenige Behörde befugt sei, die sich rechtlich im Reichsgebiet aufhalte, ablehnte und dem Angeklagten den Schutz des § 193 (Wahrnehmung berechtigter Interessen) versagte. Das Oberste Landesgericht bestätigte Mitte Januar 1923 dieses Urteil. Bei der Verhandlung waren der französische Offizier und ein Unteroffizier als Zeugen geladen und erschienen [1]).

Auch dafür, daß eine Zivilperson vor ein Kriegsgericht gebracht wird, weil sie eine strafbare Handlung gemeinsam mit einer Militärperson begeht, fehlt es an stichhaltigen Gründen. Die Möglichkeit einer verschiedenen Beurteilung besteht immer, auch im Instanzenweg. Es ist daher nicht ersichtlich, warum aus diesem Grunde ein ganz anderes Verfahren und ein anderes Recht Platz greifen soll oder muß. Übrigens bestand auch während des Weltkrieges in Frankreich die Möglichkeit, daß 2 verschiedene Gerichte sich mit der gleichen Handlung zu befassen hatten, nämlich bei gemeinsamer Begehung einer strafbaren Handlung durch Soldaten verschiedener Nationen. Sowohl mit Belgien wie mit England und den anderen Staaten, deren Truppen auf französischem Boden standen, wurde in den oben erwähnten Vereinbarungen ausdrücklich bestimmt, daß bei einer Mittäterschaft die Täter je von den Kriegsgerichten ihrer Nation abgeurteilt werden sollten [2]). Lediglich aus politischen Motiven scheint dieser Ausnahmefall geschaffen worden zu sein.

---

[1]) Saarfreund 1922, S. 311, 1923, S. 40.

[2]) Journal officiel de la République française vom 15. 12. 1914, S. 9199. „Dans le cas d'infraction commises conjointement ou de complicité par des individus faisant partie de ces deux armées, les auteurs et complices français sont déférés à la juridiction militaire française et les auteurs et complices britanniques sont déférés à la juridiction britannique."

Auch die interalliierte Rheinlandkommission hatte im § 4 des Artikels 2 der Verordnung 2 bestimmt, daß bei Begehung eines Delikts, an dem deutsche und alliierte Staatsangehörige beteiligt sind, stets das Gericht zuständig ist, welches zuständig sein würde, wenn das Delikt nur von alliierten Staatsangehörigen allein begangen wäre. Sie änderte aber auf deutsche Vorstellung hin diese unhaltbare Bestimmung durch Artikel 2 der Verordnung 55 dahin ab, daß ein alliiertes Militärgericht bei der Teilnehmerschaft von alliierten und deutschen Staatsangehörigen nur für zuständig erklärt werden kann, wenn die strafbare Handlung gegen Personen oder Eigentum der interalliierten Streitkräfte gerichtet ist. In der Verordnung der Regierungskommission des Saargebiets ist nicht einmal diese Einschränkung gemacht.

Die Rechtslage im Falle der Verhängung des Belagerungszustandes, der 3. Ausnahmefall, bedarf noch einer besonderen Untersuchung. Die Regierungskommission besitzt gemäß § 23 in Verbindung mit § 19 alle Befugnisse, die früher dem deutschen Reiche, Preußen und Bayern zustanden, und zwar nach Maßgabe der Gesetze und Verordnungen, wie sie am 11. November 1918 in Kraft waren, somit auch grundsätzlich das Recht, den Belagerungszustand zu verhängen. In Frage kommen hauptsächlich das Preußische Gesetz vom 4. Juni 1851 mit Änderungen vom 11. 12. 1915 (R. Ges. Bl. S. 813) und 4. 12 1916 (R. Ges. Bl. S. 1331) sowie das bayerische Landesgesetz vom 5. 11. 1912. Die Regelung, die in Artikel 48 der neuen Reichsverfassung getroffen wurde, ist für das Saargebiet nicht bindend. Wohl aber steht nichts im Wege, die veralteten Gesetze der neuen, einem Überwiegen der militärischen Machtstellung im staatlichen Leben abgeneigten Entwicklung anzupassen. Der alte „Kriegszustand", der durch einen Formalakt, die sogenannte „Kriegszustandserklärung" geschaffen werden konnte, hatte den Übergang der vollziehenden Gewalt auf den Militärbefehlshaber zur Folge. Die neue Reichsverfassung kennt einen solchen Ausnahmezustand in formellem Sinne nicht mehr[1]). Der Reichspräsident hat die rechtliche Befugnis, den Ausnahmezustand zu verhängen. Er *kann* in diesem Falle die Zivilgewalt auf die militärischen Instanzen übertragen und gewisse Grundrechte aufheben, muß es aber nicht. In der Praxis des Deutschen Reiches wurden mildere Formen geprägt, besonders der

---

[1]) Vgl. hierzu *Anschütz*, Die Verfassung des Deutschen Reiches, Berlin 1926, Anmerkungen zu Artikel 48, *Meissner*, Das Staatsrecht des Deutschen Reiches, Berlin 1923, S. 165 ff. und die bei Anschütz angegebene zahlreiche Literatur über diese Frage.

sogenannte zivile Ausnahmezustand mit besonderen Regierungskommissaren (z. B. Reichsgesetzblatt 1920, Seite 479), eventuell verschärft durch Einsetzen von außerordentlichen Gerichten für bestimmte Delikte (Vgl. z. B. Reichsgesetzblatt 1920, Seite 985 und 1921, Seite 371) und die schärfere des militärischen Ausnahmezustandes (z. B. 1920, S. 1477), welche die vollziehende Gewalt einem Militärbefehlshaber überträgt. Nahm sich die Regierungskommission das Reichsgesetz zum Schutze der Republik als Beispiel für ihre Notverordnung vom 7. März 1923, so konnte ihr die neueste Entwicklung der deutschen Praxis bei der Verhängung des Belagerungszustandes ebenfalls als Vorbild dienen, zumal eine Zurückdrängung des Einflusses des Militärs durchaus den Bestimmungen des Saarstatuts entspricht. Eine Änderung der geltenden Gesetze ist der Regierungskommission gemäß § 23 Abs. 2 des Saarstatuts nach Anhörung des Landesrates durchaus möglich.

Eine direkte Anwendung der alten deutschen Gesetze über den Belagerungszutsand ist aber im Saargebiet nicht möglich, weil diese eben zur Voraussetzung haben, daß dem deutschen Militärbefehlshaber die vollziehende Gewalt übertragen wird. Es kann daher nur eine entsprechende Anwendung der Bestimmungen über den Belagerungszustand in Frage kommen, wobei auch hier wieder die der Bevölkerung zugesicherten Rechtsgarantien nur insoweit außer Kraft gesetzt werden dürfen, als dies nach den einschlägigen deutschen Gesetzen erlaubt ist. An Stelle des Militärs hat daher gemäß § 30 des Saarstatuts die lokale Gendarmerie zu treten. Sie ersetzt, dem Willen des Versailler Vertrags entsprechend, eigenes Militär im Saargebiet und bietet durch ihre Zusammensetzung auch diejenigen Garantien, die sich auf Grund der deutschen Gesetze für die Bürger ergeben: Anwendung des deutschen Rechts, Aburteilung durch Volksgenossen usw. Gegen die Schaffung außerordentlicher Gerichte ist in diesem Falle nichts einzuwenden, da diese als rechtlich bestehende, wenn auch nicht ständige anzusehen sind (§ 25, Abs. 1 des Saarstatuts.).

Im Gegensatz zu dieser Rechtslage hat die Regierungskommission bei der Verhängung des Belagerungszustandes im August 1920 die Macht an französisches Militär übertragen, sich übrigens auch noch in ihrem Bericht vom 28. 1. 1926 [1]) das Recht vorbehalten, in Zukunft ebenso zu verfahren. Es kann hier unerörtert bleiben, ob bei dem genannten Streik die Notwendigkeit überhaupt vorlag, den Belagerungszustand zu verhängen. Die Übertragung der Macht an

---

[1]) J. O. 1926, S. 527.

ausländisches Militär ist — wie oben nachgewiesen — im Versailler Vertrag nicht vorgesehen, steht mit dem Wesen einer treuhänderischen Regierung im Widerspruch, entzieht den Bewohner seiner gesetzlichen Gerichtsbarkeit und ersetzt für die Dauer des Zustandes die geltende Rechtsordnung durch eine fremdländische. Die Aufhebung der vertraglich der Bevölkerung zugesicherten Rechte bedeutet die zeitweilige Außerkraftsetzung von Bestimmungen des Versailler Vertrags und läßt sich nur unter dem Gesichtspunkt des völkerrechtlichen Notstandes rechtfertigen, also nur, wenn infolge des Fehlens oder Versagens der örtlichen Polizei das auf Grund des Versailler Vertrags errichtete Regime Gefahr läuft, gewaltsam beseitigt zu werden. Unter keinen Umständen gibt ohne weiteres jeder Streik und jede Unruhe Anlaß noch Berechtigung zu einer solchen Maßnahme.

Die durch Notstandsrecht bedingte zeitweilige Aufhebung der Vertragsbestimmungen darf nicht weitergehen, als durch die Notlage selbst gerechtfertigt ist. Die Regierungskommission kann und darf sich dabei nicht jeglichen Einflusses auf die Haltung und die Anordnungen des Militärs entledigen, denn ihr liegt die Durchführung der Vertragsbestimmungen ob, sie allein ist dem Völkerbund gegenüber verantwortlich. Sie muß sich daher eine Art Aufsichtsrecht wahren, das sich natürlich nicht auf Einzelheiten erstrecken kann, um so eine möglichste Anpassung an den geltenden Rechtszustand zu erreichen. Maßnahmen, die nach deutschem Recht unzulässig sind, müssen es auch bei der Handhabung des Belagerungszustandes durch fremdes Militär auf Grund des Notstandsrechtes bleiben. Nach Aufhebung des Ausnahmezustandes muß die vorher bestehende Rechtsordnung wieder in vollem Umfang in Kraft treten, die zeitweilig einer ausländischen Macht eingeräumte Gewalt darf sich keinesfalls über die Dauer des Ausnahmezustandes auswirken, da nach Aufhören des Notstandes die Rechtsgrundlage für außerordentliche Maßnahmen weggefallen ist und für eine weitere Außerkraftsetzung der Vertragsbestimmungen kein Grund mehr vorliegt. Daher sind z. B. Begnadigungen durch die Regierungskommission vorzunehmen, eventuelle Strafen in Gefängnissen des Saargebiets abzubüßen und noch anhängige Strafverfahren an die ordentlichen Gerichte zu verweisen. Dieser Zustand entspricht auch dem geltenden deutschen Recht.

In diesem Zusammenhang soll auch die Frage der Ausweisungen noch kurz gestreift werden. Während des Beamtenstreiks im Jahre 1920 erfolgten seitens der französischen Militärbehörde, der die vollziehende Gewalt übertragen worden war, Massenausweisungen von Beamten, Angestellten und Arbeitern [1]). Auch die französischen Kriegsgerichte sprachen diese Strafe als Nebenstrafe aus. Alle diese Ausweisungen sind mit den Bestimmungen des Saarstatuts unvereinbar [2]). Denn weder die Regierungskommission, die bei ihren Handlungen an die bis 1918 geltenden deutschen Gesetze gebunden ist, die eine Ausweisung der eigenen Staatsangehörigen nicht kennen, hat ein Ausweisungsrecht, noch die militärischen Befehlshaber. Übrigens bietet die Schutzhaft einen vollkommenen Ersatz für die Ausweisungen.

Der Völkerbund lehnte auf verschiedene Beschwerden hin die Ausweisungen als unzulässig ab, wenn auch in äußerst schonender Form (Beschluß vom 22. Juni 1921). Daraufhin ließ Rault die Ausgewiesenen durch den Präsidenten der französischen Republik begnadigen, ein Verfahren, das mit dem Rechtszustand, wie er im Saarstatut niedergelegt ist, restlos unvereinbar ist. Die Verordnung betreffend die Eigenschaft als Saareinwohner vom 15. 6. 1921 (Amtsblatt Nr. 9) bestimmt im Artikel 6 Absatz 2: „In Zukunft darf ein Saareinwohner nicht mehr aus dem Saargebiet ausgewiesen werden." Es durfte nach geltendem Recht auch schon vor Erlaß dieser, auch in anderer Beziehung rechtlich nicht unbedenklichen Verordnung nicht ausgewiesen werden.

Hinsichtlich der Zivilgerichtsbarkeit [3]) über Angehörige der Besatzungstruppe ergaben sich im Saargebiet keine Schwierigkeiten, da die Angehörigen des Militärs auch dann, wenn sie Beklagte oder Zeugen waren, den Ladungen der Gerichte Folge leisteten. Die Vollstreckung der Urteile fand natürlich ihre Grenzen an Umständen praktischer Art. Auf jeden Fall wurden durch dieses Verfahren die Nachteile gemildert, die sich aus der Exemtion der Militärpersonen von der saarländischen Strafgerichtsbarkeit besonders dann ergaben, wenn der Verletzte ein Bewohner des Saargebietes war.

---

[1]) Umfangreiches Material im Weißbuch, S. 213 ff. In der Zeit vom 8. bis zum 13. August sind mehr als 200 Personen ohne Begründung ausgewiesen worden. W. Koo, der im Völkerbund Berichterstatter war, bezeichnete die Ausgewiesenen als „berüchtigte Pangermanisten". Vgl. dazu die Ausführungen Pieter Molenbroek im Artikel: Das Saargebiet unter der Herrschaft des Völkerbundes. Süddeutsche Monatshefte, 22. Jahrgang, Nr. 9, Seite 24 ff.

[2]) Sarabicus, Saarfreund 1925, S. 150. Sehr abfällig beurteilt auch Osborne S. 165 die Ausweisungen.

[3]) Über diese noch wenig behandelte Frage vgl. Heyland a. a. O., S. 197, Nast a. a. O., S. 376. Vanard, L'occupation des territoires Rhénans et le droit privé. Paris 1922.

III. Teil.

# Alliierte Truppen als Bahnschutztruppen im Saargebiet seit 1927.

## 1. Die Vorgeschichte und der Gang der Verhandlung.

Nach jahrelangem Hinausschieben war endlich im März 1926 der Tag gekommen, an dem der Völkerbund die Zurückziehung der französischen Truppen im Saargebiet hätte beschließen müssen. Selbst Rault hatte zugeben müssen, daß die Zahl von 1005 Gendarmen zur normalen Zeit genüge, um die Ordnung im Saargebiet aufrecht zu erhalten und wußte gegen die Bereitstellung von Truppen außerhalb des Saargebietes zwecks Heranziehung in außerordentlichen Fällen nichts vorzubringen. Damit war der einzige Grund, den der Völkerbundrat bisher als Rechtfertigung für die Anwesenheit französischer Truppen im Saargebiet anerkannt hatte, entfallen, ihr Abzug eine zwingende Forderung des Rechts geworden. Es kam aber anders. In der üblichen Weise berichtete Bonin-Longare über die Stellungnahme der Regierungskommission und schlug plötzlich am Schluß seiner Rede eine Resolution vor, die die Entfernung der Truppen von einer neuen Bedingung abhängig machte[1]).

„Bevor die Entfernung der französischen Truppen beendet ist, ist es nötig, die Aufmerksamkeit der Regierungskommission auf ihre Pflicht zu lenken, unter allen Umständen die Transportfreiheit und Durchfahrt auf den Eisenbahnen des Saargebiets sicher zu stellen, und es sollen die zu diesem Zweck notwendigen Maßnahmen vorgesehen werden, besonders, indem eine Linienkommission mit den erforderlichen Kräften der Regierungskommission zur Verfügung gestellt wird."

Paul-Boncour unterstützte als Vertreter Frankreichs diese Resolution, die angenommen wurde, ohne nach der tatsächlichen oder rechtlichen Seite irgend eine Äußerung der anwesenden Ratsmitglieder hervorgerufen zu haben. Die neue Lage kam anscheinend nicht überraschend, die von Briand auf der damaligen Tagung des Völkerbundes verkündete „moralische Aufnahme" Deutschlands in den Völkerbund vermochte sich nicht soweit auszuwirken, daß man auf die entgegenstehende deutsche Rechtsauffassung Rücksicht nahm. Der Streit um die Anwesenheit der französischen Truppen konnte von neuem beginnen, die Rechtsgrundlagen waren durch diesen Beschluß unsicherer denn je geworden.

---

[1]) J. O., 1926, S. 528.

Dies trat schon in dem Bericht der Regierungskommission vom 21. Mai 1926 zutage[1]), deren Präsident nunmehr Stephens geworden war. Die aus einem Franzosen, einem Belgier und einem Tschechen bestehende Mehrheit machte einen anderen Vorschlag als der Präsident und als das saarländische Mitglied der Regierungskommission. Der Bericht der Mehrheit führt aus:

Die neue Aufgabe der Regierungskommission sei vollkommen verschieden von der anderen, unter allen Umständen die Ordnung im Saargebiet aufrecht zu erhalten. Die Regierungskommission habe daher zuerst eine technische Studie machen lassen, aus der sich ergebe, daß im Jahre 1925/26 an militärischen Transporten:

179 vollständige Züge (Truppen oder Material)
65 Züge für Ernährung
1700 einzelne Eisenbahnwagen mit Material- oder Futtertransporten
750 Postwagen und 2000 reservierte Abteile für Kuriere der Militärpost
etwa 130—140 000 einzelne Soldaten (Urlauber und andere, die von den Rheinlanden nach Frankreich reisen)
15 000 einzelne Gepäckstücke

durch das Saargebiet geführt worden seien. Diese Zahlen bezögen sich nur auf die französischen Truppen. Seit der Räumung der ersten Zone kämen die Transporte der englischen Truppen dazu.

An zivilen Transporten wurden gefahren:

11 internationale Züge
121 Züge zwischen Saargebiet und Frankreich
187 Züge zwischen Saargebiet und Deutschland
141 Züge hatten ihren Ausgangs- bzw. Endpunkt im Saargebiet.

Für den Güterverkehr ergäben sich folgende Zahlen:

36 Züge täglich nach Frankreich, darunter die Kohlenzüge
25 Züge täglich von Frankreich
14 Züge täglich nach Deutschland
10 Züge täglich von Deutschland.

Der innere Verkehr betrage täglich 250 Züge.

Augenblicklich regele und beaufsichtige den Durchgangsverkehr des Militärs eine Linienkommission (etwa 15 Personen, davon ¼ aktive französische Offiziere), eine militärische Bahnhofwache mit ständigem Dienst (3 Offiziere und etwa 30 Soldaten oder Gendarmen), ferner militärisches Bahnhofspersonal, das den Auftrag habe, das ankommende und abgehende Material zu prüfen (1 Offizier und

[1]) J. O., 1927, S. 593.

etwa 11 Mann) und eine Telegraphenabteilung (10 Beamte, die den Fernverkehr mit der Rheinarmee aufrecht erhalten). Im Falle eines Generalstreiks müsse die Durchführung einer Mindestzahl von internationalen und Güterzügen garantiert werden, einige Linien des Netzes (im Text näher bezeichnet) könnten vorläufig ausscheiden. Aus den Erfahrungen des Generalstreiks von 1920 (in dem Sabotageakte allerdings nicht vorgekommen sind) ergebe sich aber die Notwendigkeit der Bewachung der Eisenbahnen. Man müsse daher nach folgendem Plan verfahren:

Der Verkehr sei durch eine Verkehrskommission der Regierungskommission sicherzustellen, der Ordnungsdienst habe die Bahnen auf allen wichtigen Punkten der Eiserbahnanlage zu überwachen, nämlich 302 km mit 166 Kunstbauten, 78 Bahnhöfe, 239 besonders gefährdete Punkte; außerdem seien Patrouillen zur Verhinderung von Sabotageakten nötig. Dazu brauche die Regierungskommission 3000 Mann, ohne die Hilfskräfte für Lebensmittelversorgung usw., die ihr sofort zur Verfügung stehen müßten. Daneben müsse die Regierungskommission das Recht haben, auch außerhalb des Saargebietes stehende Truppen heranzuziehen. Da die Regierungskommission bereits über 1000 Gendarmen verfüge und gewisse Strecken gerade so schnell von den in Lothringen stehenden Garnisonen bewacht werden können, glaube sie, mit 2 im Saargebiet stationierten Bataillonen auskommen zu können. Sie betone ausdrücklich, daß die Verkehrskommission und die ihr zur Verfügung gestellten Mittel (2 Bataillone) ihr stets unterstellt bleiben müßten und daß im Innern des Saargebietes keine andere Autorität an ihre Stelle treten dürfe.

Der Präsident Stephens machte demgegenüber einen anderen Vorschlag:

Nach seiner Ansicht solle gemäß den Beschlüssen des Rates in Saarbrücken vor dem Abzug der gegenwärtig dort stationierten Truppen eine Verkehrskommission eingesetzt werden, die der Regierungskommission unterstehe und Bindeglied zwischen der Regierung des Saargebiets und den ihr zur Verfügung stehenden Truppen bilde. Diese Verkehrskommission müsse über eine genügende Anzahl Truppen verfügen, die sie jedoch nur unter außergewöhnlichen Umständen heranziehe. Die Kräfte sollten, wie Stephens zweimal betont, nicht innerhalb, sondern außerhalb des Gebietes nahe an der Grenze stationiert werden und von der Regierungskommission nur in dringlichen Fällen herangezogen werden. An dieser Stelle begründete sodann der Präsident seine Ansicht, daß die Anwesenheit fremder Truppen im Saargebiet gegen Sinn und Buchstaben des

Versailler Vertrags verstoße. Der von der Mehrheit gestellte Antrag, daß mindestens 2 Bataillone ständig im Saargebiet gehalten werden, stehe (dies betont Stephens ebenfalls zweimal) ganz offenbar im Widerspruch zum Wortlaut des Friedensvertrags, zur Meinung der Regierungskommission selbst und dem Beschluß des Völkerbundrates. „Dieser Antrag (der Mehrheit) zielt meiner Ansicht nach auf nichts anderes, als die beiden Bataillone, die gegenwärtig als Garnisontruppen im Saargebiet liegen, auf immer beizubehalten und sie nötigenfalls nach ihrer Zurückziehung durch andere Truppen ersetzen zu lassen . . . . . Ich bin der Meinung, daß nach dem Wortlaut des Friedensvertrages keine Autorität an Stelle der Autorität der Regierungskommission treten kann."

Sein praktischer Vorschlag ging dahin, daß in Garnisonen in der Nähe des Saargebietes Truppen zur Verfügung gestellt würden, die im Bedarfsfall heranzuziehen seien. Eine Verbindungsstelle (alliiert oder nicht) werde eingesetzt, die in Saarbrücken ihren Sitz habe und der Regierungskommission unterstehe. Sie solle mit der Interalliierten Rheinlandkommission zusammenarbeiten und ein Bindeglied zwischen der Regierungskommission des Saargebietes und den außerhalb des Gebietes stehenden Truppen sein.

Das saarländische Mitglied Kossmann vertrat ebenfalls einen anderen Standpunkt. Er hielt es seinerseits nicht für statthaft, daß die Regierungskommission ihre Pflicht, die Freiheit des Transportes und der Durchfahrt sicherzustellen, auf eine militärische Kommission abwälze, welche zwar der Regierungskommission unterstellt, aber autonom und unter eigener Verantwortung handeln würde. Die Regierungskommission habe mit Recht bisher peinlichst darauf geachtet, daß ihr alle Rechte und Pflichten in eigener Hand verbleiben. Die Folge der vorgeschlagenen Regelung sei, daß gegebenenfalls fremdländische, militärische Organe Befehle bezüglich des Transportwesens im Saargebiet zu geben hätten. „In diesem Falle entledigt sich die Regierungskommission der Rechte und Pflichten, die ihr der Friedensvertrag auferlegt hat. Ich halte es für vollkommen ausgeschlossen, daß dies im Sinne des Friedensvertrags und in den Intentionen des Völkerbundrates liegt. . . . Nach den Verhandlungen des Rates, die sich über mehrere Jahre hingezogen haben, hege ich nicht den mindesten Zweifel, daß der Rat selbst es als notwendig erachtet, daß die französischen Truppen, die heute noch im Saargebiet stationiert sind, entfernt werden. Diese Absicht des Rates würde illusorisch, wenn gleichzeitig eine militärische Verkehrskommission mit 2 Bataillonen im Saargebiet eingerichtet würde, um dort dauernd zu verbleiben.“ In seiner Eigenschaft als saarländisches Mitglied macht Kossmann sodann darauf aufmerksam, daß die Bevölkerung es nicht verstehen würde, wenn man unter einer neuen Form die Truppen im Saargebiet belasse, für die es nach dem Text des Friedensvertrags kein Aufenthaltsrecht gebe.

Seine praktischen Vorschläge gingen dahin:

1. Schaffung einer Spezialkommission mit der Aufgabe, in ganz besonderen Fällen bestimmte Maßnahmen zum Schutze der Transportfreiheit zu ergreifen, und Schaffung einer technischen Nothilfe, wie sie in Deutschland und England besteht. Die Spezialkommission und die Nothilfe unterstehen nur der Regierungskommission.

2. Die Spezialkommission hat Eisenbahnsachverständige und militärische Sachverständige zur Seite. Letztere können, soweit nicht im Saargebiet vorhanden, aus den alliierten Truppen entlehnt werden. Zur Sicherung des täglichen Transits können die alliierten Armeen zu dieser Kommission Verbindungsoffiziere entsenden.

3. Die Kommission hat permanenten Charakter.

Mit der Veröffentlichung dieses Berichts der Regierungskommission, in dem die Absicht der französisch-belgisch-tschechischen Mehrheit eine so scharfe Kritik erfuhr, erkannte der eigene Präsident zum erstenmal in der Truppenfrage ausdrücklich Prinzipien, die bisher nur von der deutschen Regierung aufgestellt worden war, als richtig und dem Sinn und Buchstaben des Vertrags entsprechend an. Nunmehr setzte im Stillen ein erbitterter Kampf ein, dessen Interna in absehbarer Zeit kaum bekannt werden dürften. In dessen Verlauf legte Präsident Stephens sein Amt nieder, das er lediglich bis zur Wahl eines Nachfolgers beibehielt. Jedenfalls hat Stephens den Kampf um seine Auffassung der Rechtslage aufgegeben. Inwieweit ihn Vorstellungen seines Mutterlandes dazu bewogen, ist nicht bekannt. Sicher ist nur, daß von da ab der Standpunkt Englands nachgiebiger gegenüber den Wünschen auf Beibehaltung von Militär geworden ist, wenngleich sich auch noch später das Bestreben zeigte, die Regelung möglichst der Rechtslage anzupassen.

In der Sitzung vom 11. Dezember 1926 [1]) wurde mit Zustimmung des Deutschen Reiches, das inzwischen Mitglied des Völkerbundrates geworden war, die Angelegenheit vertagt. Der nächste Be-

[1]) J. O., 1927, S. 163.

richt der Regierungskommission vom 18. 2. 1927[1]) kann als Ergebnis von Verhandlungen angesehen werden, die inzwischen innerhalb der Regierungskommission unter Mitwirkung der Interessenten gepflogen worden waren. Er fand die Zustimmung wohl des Präsidenten Stephens, nicht aber des saarländischen Mitgliedes[2]) und lautete dahin:

Lediglich zum Schutze und zur Sicherheit der Transporte und des Durchgangsverkehrs auf den Eisenbahnen des Saargebiets wird folgendes vorgesehen:

1. Die gegenwärtige Eisenbahnkommission bleibt. Sie organisiert die Truppen- und Materialtransporte und steht in Verbindung mit den militärischen Behörden des besetzten Gebietes. Ihre Aufgabe wird es ferner sein, eine Polizei zur Sicherung der militärischen Transporte, die das Eisenbahnnetz besetzt, zu organisieren und ihre Disziplin zu sichern.

2. Die Schutzkräfte, die in Saarbrücker Kasernen und in den Gebäuden der Grubenverwaltung von Sulzbach und Neunkirchen untergebracht werden, können international gestaltet werden. Sie werden im Einvernehmen der Regierungskommission mit den Besatzungsbehörden des Rheinlandes eingesetzt. Ihre Organisation verfolgt den einzigen Zweck, den Schutz der Transporte und den Durchgangsverkehr zu überwachen, dagegen dürfen sich die Kräfte nicht in die Aufrechterhaltung der Ordnung einmischen, noch den Schutz von Personen und Sachen übernehmen, es sei denn, daß dieses zur Überwachung des Eisenbahn-, Telephon- oder Telegraphendienstes erforderlich ist. Die Kräfte werden durch ein besonderes Abzeichen kenntlich gemacht.

3. Die Eisenbahnkommission hält sich zur Verfügung der Regierungskommission. Sobald sie auf Intervention der Regierungskommission hin den Schutz der Bahnen übernommen hat, handelt sie selbständig. Auch die beiden in Saargemünd und Forbach (Lothringen) stehenden französischen Bataillone treten in diesem Falle unter ihr Kommando.

4. Im Falle des Versagens des Eisenbahnpersonals wird die Bahnkommission durch die Regierung beauftragt werden, die Benutzung des Eisenbahnnetzes mittels einer zu schaffenden technischen Nothilfe zu ermöglichen.

---

[1]) J. O., 1927, S. 599.

[2]) Die Regierungskommission berichtete zuerst nach Genf, Kossmann habe sich der Stimme enthalten, mußte aber auf dessen Vorstellungen hin den Passus dahin ändern: „Ein Mitglied der Regierungskommission hat

5. Für das Saargebiet dürfen aus diesen Organisationen, der Unterhaltung der Bahnkommission und der Schutzkräfte keine finanziellen Leistungen entstehen. „Wenn diese Organisation durchgeführt ist, wird seitens der französischen Regierung gegen die Entfernung der Garnisontruppen nichts mehr einzuwenden sein."

Diese Ausführungen veranlaßten eine Denkschrift der Parteien des Landesrats vom 31. Mai 1926 [1]) betreffend Entfernung des französischen Militärs, in der hervorgehoben wird, daß es mit der Neutralität des Saargebiets unvereinbar sei, fremden Truppen ein Durchmarschrecht zu gestatten, und daß keine Bestimmung des Versailler Vertrags ein solches vorsehe. Man könne sich auch nicht darauf berufen, daß zur Aufrechterhaltung einer ungestörten Verbindung zwischen dem besetzten Rheinland und Frankreich die Saarbahnen notwendig seien, denn die strategischen Verbindungen seien durch 3 große Eisenbahnlinien Koblenz—Trier—Diedenhofen—Metz, Mainz—Bingerbrück—Kaiserslautern—Straßburg, Mainz—Ludwigshafen—Straßburg ausreichend gesichert.

In der Sitzung des Rats vom 12. März 1927 kam die Frage, von der jedermann fühlte, daß sie für die weitere Entwicklung des Rechts im Saargebiet entscheidend werden würde, zur Verhandlung. Berichterstatter war Scialoja, der die Vorschläge der Regierungskommission wiedergab, ohne aber, wie bisher üblich, sofort eine Resolution des Rates vorzuschlagen. Es war nicht, wie bisher in den meisten Fällen, gelungen, durch Verhandlungen außerhalb der öffentlichen Sitzungen eine Formel zu finden, auf die sich alle Beteiligten einigen könnten. Da nunmehr auch Deutschland dem Rate angehörte, war mit seiner Ansicht zu rechnen, wenn seine Stimme auch nicht entscheidend werden konnte, da gemäß § 40 des Saarstatuts alle Entscheidungen des Rates in Saarfragen mit Stimmenmehrheit getroffen werden können.

Dem Präsidenten Stephens war die Aufgabe zugefallen, nunmehr die Vorschläge der Regierungskommission, die so sehr von seiner

---

nicht für diesen Bericht gestimmt, weil es ihn nicht in allen Punkten annehmen konnte." Allerdings wählte Kossmann nicht die stärkste Form der Ablehnung und verzichtete darauf, seinen abweichenden Standpunkt in einem besonderem Votum an den Völkerbundrat darzulegen.

[1]) Deutsch-saarländische Volkspartei und Zentrum umfassend. Nicht angeschlossen hatte sich im Gegensatz zu bisher die Sozialdemokratische Partei. Die liberale Volkspartei und die deutsch-demokratische Partei des Saargebiets haben sich im Januar 1924 zu der „Deutsch-saarländischen Volkspartei" zusammengeschlossen.

bisherigen Rechtsansicht abwichen, verteidigen zu müssen. Er führte aus, daß die vorliegende Frage eine der schwierigsten sei, die bisher dem Rate zur Prüfung vorgelegt worden seien. Im Namen der Regierungskommission könne er aber erklären, daß man von persönlichen Gesichtspunkten abgesehen habe, um dem Rate eine brauchbare Lösung vorzulegen. Er äußerte sich dann über die Wirkungen und das Funktionieren der vorgeschlagenen Lösung und hob hervor, daß damit die Aufrechterhaltung der Ordnung wieder in die Hände der Regierungskommission gelegt würde, wie es der Versailler Vertrag vorsehe, auch mache die Entfernung der französischen Truppen einen Teil der Kasernen frei, die der Bevölkerung zu Wohnzwecken nutzbar gemacht würden. Die Aufrechterhaltung der Transportfreiheit sei nicht nur ein Problem des Saargebiets, sondern ein internationales. „Elle (die Regierungskommission) croit donc légitime la suggestion faite par le Conseil de pourvoir à des forces de protection." Daher war es nötig, „extreme" Gesichtspunkte, die unter den einzelnen Mitgliedern der Regierungskommission zutage traten, abzulegen, und man habe so gut wie möglich dem Rat eine Entschließung unterbreitet, welche die Wege zu einer Lösung dieses nicht bloß saarländischen, sondern auch europäischen Problems enthalte. Im Interesse des europäischen Friedens und des Wohlergehens der Saarbevölkerung bitte er, diesen Vorschlag in Beratung zu ziehen und eine Entscheidung zu fällen, die die Regierungskommission anzuwenden in der Lage sei.

Stresemann führte zu den Worten Stephens' ungefähr aus:

Auch er sei der Meinung, daß die Angelegenheit nunmehr endlich gelöst werden müsse, nachdem mehr als die Hälfte der in dem Saarstatut vorgesehenen Zeit verstrichen sei. Die ganze Welt habe ihre Augen auf den Völkerbundrat — Beschirmer des Saargebiets — gerichtet, und die Art, wie man das Problem löse, könne vieles tun, um das Prestige des Völkerbundes zu vermehren. § 30 bestimme (zitiert ihn), daß nur eine lokale Gendarmerie errichtet werden solle, zur Aufrechterhaltung der Ordnung. Seit 1920 habe das Deutsche Reich die Zurückrufung der Truppen im Saargebiet und die Aufrechterhaltung der Ordnung entsprechend den Bestimmungen des Versailler Vertrags verlangt. Dieser Gesichtspunkt sei vom Rate anerkannt worden, der die Anwesenheit von militärischen Kräften nur als provisorische Maßnahme bis zur Errichtung der Gendarmerie bezeichnet habe. Diese sei nunmehr erfolgt. Eine Einrichtung, die 7 von 15 für die gegenwärtige Organisation vorgesehenen Jahre dauere, könne man übrigens nicht mehr als provisorisch bezeichnen.

In seiner Sitzung vom 18. März 1926 habe nun der Völkerbundrat einen Beschluß gefaßt, nach dem die Aufmerksamkeit der Regierungskommission auf ihre Pflicht gelenkt werde, die Freiheit der Durchfahrt durch das Saargebiet sicherzustellen. Er wisse nicht, warum der Rat diesen Entschluß gefaßt hat, müsse aber darauf hinweisen, daß in keinem Bericht der Regierungskommission, die vom Rate bis zum 18. März 1926 geprüft worden seien, und in keinem Bericht bis zum heutigen Tage von besonderen Maßnahmen die Frage war, um die Freiheit und die Sicherheit der Transporte und der Durchfahrt auf dem Netz des Saargebietes sicherzustellen [1]). Der Versailler Vertrag enthalte im Hinblick auf diese Freiheit der Transporte und der Durchfahrt keinerlei Bestimmungen, deren Sicherstellung seiner Ansicht nach lediglich der lokalen Gendarmerie obliegt, weil sie zur Aufrechterhaltung der Ordnung gehöre.

Dies ergebe sich auch aus dem Beschluß des Rates vom 28. Januar 1926, der keine Reserve hinsichtlich des Schutzes der Transport- und Durchfahrtsfreiheit gemacht habe. Er glaube daher den Schluß daraus ziehen zu dürfen, daß diese Entschließung den Schutz der Transporte und der Durchfahrt als einen Teil der Aufgabe angesehen habe, die der lokalen Gendarmerie zufalle. Die Schaffung von Spezialtruppen sei im Versailler Vertrag nicht vorgesehen. Dieser habe eine sehr genaue Unterscheidung zwischen der Interalliierten Rheinlandkommission und der Regierungskommission des Saargebietes gemacht, auch sei es übrigens gar nicht nötig, daß die Rheinarmee die Strecken des Saargebiets benutze, weil ihr 3 andere Linien zur Verfügung ständen. Gegen die Schaffung einer Bahnschutztruppe legte Stresemann sodann Rechtsverwahrung ein mit folgenden Worten:

„Ich muß daher alle juristischen Vorbehalte des Deutschen Reiches gegen eine Benutzung des Saargebiets als Etappenbasis der alliierten Armeen machen, desgleichen gegen die Aufrechterhaltung der Eisenbahnkommission sowie hinsichtlich einer etwaigen Herbeiziehung der benachbarten Garnisonen in außerordentlichen Fällen."

Trotz dieses deutschen Standpunktes — fuhr er sodann fort — wäre es ihm aber möglich, um endlich eine praktische, definitive und schnelle Lösung zu finden, die Einrichtung eines Spezialkorps unter folgenden Bedingungen anzunehmen:

---

[1]) Die Regierungskommission hatte allerdings ihrerseits schon in einer Verordnung vom 23. April 1920 (Amtsblatt Nr. 2 vom 1. Mai 1920) bestimmt, daß der Belagerungszustand verhängt werden könne, um den normalen Betrieb der Eisenbahnen zu sichern.

1. daß ein Datum festgesetzt werde, an dem die Truppen zurückgezogen werden,

2. daß die Stärke des Spezialkorps in der vernünftigen Grenze einiger hundert Mann gehalten werde,

3. daß sein internationaler Charakter sichergestellt sei und daß er nicht den Charakter einer interallierten Einrichtung habe,

4. daß dieses Korps nur in Ausnahmefällen seine Tätigkeit ausübe,

5. daß es keinen militärischen Charakter habe,

Der Rat könne dann die vorgeschlagene Lösung annehmen, indem er die aufgezählten Bedingungen einfüge.

Die Auswahl der Bahnschutztruppen aus dem Militär, das seine bisherige Uniform behalte, würde heftige Kritik der Bevölkerung des Saargebietes hervorrufen. Sie könnte sagen: die Truppen sind weg, andere kommen. Sei es nicht besser, daß der unter den Auspizien des Völkerbundes geschaffene Organismus statt nur aus Truppen der interalliierten Mächte zusammengesetzt zu sein, einen wirklich internationalen, der Zusammensetzung des Völkerbundes entsprechenden Charakter trage. Man müsse ferner einen Tag bestimmen, bis zu dem die Besatzungstruppen das Saargebiet verlassen. Ferner müsse genau spezifiziert werden, daß die Bahnschutztruppen nur in besonderen Fällen und ausnahmsweise in Funktion träten. Sonst verschlimmere sich die Lage der Bewohner im Saargebiet. Der vorgesehene Effektivbestand sei zu hoch. Wie der Präsident der Regierungskommission betont habe, sei es unerläßlich, zu einer schnellen und praktischen Lösung zu kommen, und es stehe nicht in Frage, in Diskussionen juristischer Art einzutreten,

In der Nachmittagssitzung führte Briand zu den Vorschlägen Stresemanns aus:

Er sitze schon einige Zeit im Rate und habe an dem, was man seine „jurisprudence" nenne, denn eine solche habe der Rat, teilgenommen. Nach den Ausführungen des Präsidenten der Regierungskommission habe er sich gesagt, wie sich doch alles leicht und einfach gestalte! Die durch den Versailler Vertrag geschaffene Regierungskommission habe ihre Aufgabe, einen Bericht über diese delikate Angelegenheit zu erstatten, mit einer Genauigkeit erfüllt, die zu keiner Zweideutigkeit mehr Raum lasse. Er sähe das Verschwinden der Truppen vor, und Frankreich habe nicht die geringste Eitelkeit, sie dort zu belassen, übrigens zuerst die Errichtung der Gendarmerie ermutigt, die ihm ein Zurückziehen seiner Truppen ermöglichte. Der Rat als solcher habe aber die Regierungskommission auf ihre

Pflicht aufmerksam gemacht, die Freiheit des Transportes und der Durchfahrt sicherzustellen. Er wolle nicht auf die Ausführungen des Präsidenten (Stresemann) eingehen, dieser möge aber sein Stillschweigen nicht als eine Zustimmung zu seiner These auffassen. Nein. Er könnte sie diskutieren. Das würde aber viel Zeit in Anspruch nehmen. Übrigens wüßte er nicht, ob es gut wäre, die französischen juristischen Thesen über die Interpretation des Vertrags entgegenzusetzen. So begnüge er sich damit, ausdrücklich hervorzuheben, daß er diese juristische These nicht annehme. „Aber" — fuhr er wörtlich fort — „eine juristische These ist eine sehr heikle und sehr gefährliche Sache. Das beste, was man in dieser Versammlung tun könnte, wäre, alle juristischen Thesen einzuladen, sanft und süß in den Aktenschränken zu schlummern und sie möglichst wenig zu verlassen." Der Rat befinde sich einer konkreten Situation gegenüber. Er (Briand) habe während der Rede Stresemanns bei dem Gedanken gezittert, daß die Schlußfolgerungen, wenn sie einer solchen These angepaßt wären, nur trennen würden, aber gesehen, daß sich diese These gegen das Ende der Rede gemildert und in sanften Bogen sich in das Tal gesenkt hätte, wo man sich zu einer vernünftigen Lösung finden könne.

Der Rat sei mit der Aufforderung an die Regierungskommission, einen Vorschlag über die Sicherung des Transports zu machen, nicht über seine Befugnisse gegangen. Sonst müßte der Rat anerkennen, daß er sich bis jetzt getäuscht habe. Dieses Opfer würde der Rat anläßlich der ersten Präsidentenschaft des Herrn Stresemann gerne bringen, aber dieser würde sicherlich dieses Opfer ablehnen. „Wir dürfen" fährt Briand fort, „dürfen also unsere Rechtsauffassung beibehalten. Der Vertrag geht nicht in Details ein, aber als er der Regierungskommission ein Gebiet mit einer so dichten Bevölkerung anvertraute, hat er ihr die Möglichkeit geben wollen, unter den günstigsten Bedingungen die Ordnung aufrecht zu halten. Wollte der Vertrag, daß im Saargebiet Truppen sind? Ich will nicht über diesen Punkt diskutieren. Wenn die Gendarmerie nach 7 Jahren noch nicht errichtet ist, so scheint es, daß die Rekrutierung ziemlich schwierig ist. Ein Gendarm hat übrigens eine besondere Art von Autorität, die ihm eigentümlich sei: es ist eine Art von väterlicher Autorität, bei der die Ironie nicht immer ausgeschlossen ist. In gewissen Fällen stößt er eben auf Schwierigkeiten besonderer Art." Auch in seinen weiteren Ausführungen machte sich Briand die Argumente des früheren Präsidenten Rault zu eigen. Im Saargebiet hätten sich mehrfach ziemlich furchtbare Ereignisse zugetragen, beunruhigend für die Regierungskommission, in verschiedenen Fällen hätte die Polizei versagt. Diese müsse sich eben an benachbarte Kräfte anlehnen können. Während die Gendarmerie beruhigend auf die Bürger einzuwirken hätte, wären 400 km Eisenbahn, 196 Kunstbauten, 75 Bahnhöfe und 239 verwundbare Punkte zu bewachen. Wenn die Regierungskommission sage, daß sie dazu 800 Mann Militär nötig habe, sei das wenig. Man dürfe in dieser Angelegenheit keinen persönlichen Erfolg erzielen wollen, sondern man müsse mit objektivem Geiste kommen. Im Rate habe man immer Sinn für Autorität gehabt. Die Mission der Regierungskommission sei besonders schwierig inmitten einer hitzigen, oft leidenschaftlichen Bevölkerung. Zu den verschiedenen Tagungen kommen immer Delegationen, hervorgesprudelt aus dem Schoße der Bevölkerung, mit Gefühlen eigener Art, begierig Kritik zu üben [1]). Gegenwärtig seien sie da und sagen: Ihr habt uns beauftragt, ein solches Problem zu studieren. Wenn sie dies gesagt haben, muß man ihre Vorschläge ernstlich besprechen. nachher heißt es: es ist nicht mehr so wie früher, man zählt jetzt mit uns! Er verstehe die Haltung der Regierungskommission, vielleicht, weil er schon öfters regiert habe, und unterstütze deshalb ihre Vorschläge.

Im Prinzip sei Stresemann mit der Regierungskommission einig. Um was handelt es sich noch? Wie sie zusammengesetzt sei? Individuell? Das ist beinahe ausgeschlossen, weil sie möglichst gut diszipliniert sein soll. Die Uniform? Sei dies, weil die Uniform des französischen Soldaten einen schlechten Eindruck auf die Bewohner des Saargebiets macht? Man könne dies nicht einmal sagen, denn er habe Artikel von saarländischen und deutschen Zeitungen unter den Augen gehabt, die sich glücklich schätzen über die Art, wie die französischen Truppen sich immer wieder der Bevölkerung gegenüber benommen hätten und offen anerkannten, daß die Beziehungen vorzüglich waren [2]). Er ziehe keineswegs vor, daß es französische Truppen seien, aber bei plötzlich entstehenden Zwischenfällen gäbe es keine andere Möglichkeit. Und warum sollten es interalliierte Kräfte sein?

[1]) Gemeint sind die Delegationen der politischen Parteien des Saargebiets.

[2]) Dieses bedenkliche Argument, dessen Unrichtigkeit schon an Hand der vielen Ausschreitungen der französischen Soldaten hätte widerlegt werden können, veranlaßte die offenbar in Frage kommende Saarbrücker Zeitung zu der Feststellung: Wir haben uns im vorigen Jahre des „taktischen Vergehens" schuldig gemacht, öffentlich festzustellen, was jeder Saarbrücker privatim sagte: daß das hiesige französische Militär zuletzt in straffer Disziplin zusammengehalten wurde und nur noch selten zu Zwischenfällen Anlaß gab. Wenn Herr Briand daraus eine Sympathiekundgebung gemacht haben sollte, so hätte er stark gemogelt." Nr. 157 vom 11. Juni 1927.

Man habe wenigstens in einem Fall versucht, internationale Kräfte aufzustellen und damit kein Glück gehabt. Das neue System könne etwa in 3 Monaten aufgestellt werden, wenn man internationale Kräfte zusammenstellen müsse, würde es noch viel länger dauern. Damit, daß die Eisenbahnkommission nur in Ausnahmefällen verwendet werden darf und ihre Aufgabe scharf umgrenzt wird, sei er einverstanden.

Unter diesen Bedingungen lohne es sich nicht der Mühe, einen neuen Text zu suchen, der den Rat nur in Gegensatz bringen würde zu der Regierungskommission, die in Wirklichkeit, weit davon entfernt, sich nicht wohl verdient gemacht zu haben, ein Recht hat, die Glückwünsche des Rates zu empfangen.

Stresemann antwortete nur kurz auf die außerordentlich lange Rede Briands. Hinsichtlich des Dankes an die Regierungskommission bestehe zwischen Briand und ihm keine Meinungsverschiedenheit. Auch er verstehe sehr gut, daß diese Frage schwierige Arbeit erfordert habe. Bezüglich der Gendarmerie mache er aber darauf aufmerksam, daß auch Deutschland in dem an Industrie reichen und dicht bevölkerten Rheinland lediglich mit Gendarmerie auskommen müsse.

Es existiere gegenwärtig in Europa eine Tendenz, der Regierung eine solche Gewalt zu geben, daß sie der Mitarbeit des Volkes entbehren kann. Es sei aber ein grober Irrtum, die Kritik des Volkes ersticken zu wollen [1]). Es sei wahr, daß freundschaftliche Beziehungen zwischen der Bevölkerung und den Garnisontruppen bestehen; das beweise nur, daß die Bevölkerung nicht undiszipliniert, noch unkontrollierbar ist [2]).

Nach 7 Jahren, in denen Deutschland nicht die Möglichkeit gehabt habe, seinen Standpunkt vor dem Rate auszudrücken, bitte er anzuerkennen, daß Deutschland eine seiner teuersten Überzeugungen zum Opfer bringe, wenn es eine Bitte nach Regelung der juristischen Punkte aufgibt und sich beschränkt vorzuschlagen:

---

[1]) Die Bemerkung bezog sich auf die Kritik Briands an den Delegationen der politischen Parteien des Saargebiets.

[2]) Die Saarbrücker Zeitung schreibt am 11. Juni 1927 Nr. 157: „Irgend welche menschlich-persönlichen Beziehungen haben zwischen der Bevölkerung des Saargebiets und dem französischen Militär nie bestanden. Man ging aneinander vorbei, ohne sich anzusehen. Es herrschte eisige Kälte. Der Abzug der Truppen wurde von niemandem bedauert, von allen — ohne Lärm — freudig begrüßt." Die letztere Darstellung scheint nach den Denkschriften der politischen Parteien, und wie die Verhältnisse im Saargebiet liegen, richtiger zu sein.

a) daß die neue Organisation nur in Ausnahmefällen eingreift,
b) daß man einen letzten Termin für den Rückzug der Truppen bestimme.

Sir Austen Chamberlain äußerte sich dahin, daß er sich über den guten Willen und den Geist der Verständigung freue, der in der Regierungskommission herrsche und ermöglicht habe, daß der heutige Bericht vorliege. Wie seine beiden Kollegen werde er die juristische Frage nicht erörtern. Er lege aber, was ihn anlange, den größten Wert darauf, nichts zu tun, was im Widerspruch oder unverträglich sei mit dem Vertrag, der die Gesamtheit dieser Probleme beherrsche. Wenn die Gutachten, die ihm gegeben worden seien, dahin gelautet hätten, daß die Lösung der Regierungskommission die Grenzen des Vertrags überschreite, hätte er einer solchen Lösung nicht zugestimmt, wenn er auch noch so sehr den Wunsch gehabt hätte, die Autorität der Regierungskommission zu stützen. Es sei aber wohlverstanden, und er glaube, daß auch die Meinung des Berichtes dahin gehe, „daß die Eisenbahnkommission und die militärische Polizeitruppe unter der Gewalt der Regierungskommission stehen und unter die hohe Aufsicht des Rates gestellt sind". Dann sei diese Lösung in Übereinstimmung mit den Bestimmungen des Vertrags. Er möchte wünschen, daß davon in den Beschlüssen Kenntnis genommen würde.

Zwei von den deutschen Vorschlägen seien angenommen. Es handle sich noch um die Frage der Zusammensetzung. Hier müsse er darauf aufmerksam machen, daß der Haushalt des Saargebietes nicht ausreiche, um Gendarmen in der nötigen Anzahl aufzustellen. Wer solle die Kosten internationaler Kräfte zahlen? Weder der Völkerbund noch die Saar noch die Regierungen der Länder, aus denen sich die Polizei zusammensetzt. England würde nicht gerne britische Soldaten an die Saar schicken. Wenn aber die Frage rasch geregelt werden solle, müsse man auf Kräfte greifen, die schon vorhanden seien. Übrigens wäre im Falle einer internationalen Zusammensetzung die Truppe, die nur in besonderen Fällen eingesetzt werden solle, beschäftigungslos und dadurch besonderen Gefahren ausgesetzt. Auch was die Frage der Stärke anlange, glaube er auch, daß eine Zahl unter 800 zu gering sei. Es lohne sich daher nicht, die Kontroverse zu verlängern.

Scialoja, der Vertreter Italiens, erklärte sich mit den Ausführungen Chamberlains einverstanden. Die juristischen Thesen seien verschieden, und beide Redner hätten schlechtes über die Juristen gesagt. Er sei ein wenig Jurist und wisse, daß man über die

Juristen wie über die Ärzte nur Schlechtes sage, wenn man sie nicht brauche. Die Krankheit sei also nicht schwer, weil man nicht nach dem juristischen Arzt gerufen habe. Der Präsident der Regierungskommission möge sich aber noch über die Vorschläge äußern, die nach seiner Rede gestellt worden seien, z. B. über die Effektivstärke.

Stephens sprach sich nunmehr zuerst allgemein über die Bevölkerung aus. In diesem Zusammenhang fällte er, der mit der Bevölkerung so lange gelebt hat, das Urteil, das so sehr von der Ansicht Raults und auch von den abfälligen Äußerungen Briands abwich. Auch die Gendarmerie wäre, aus der Bevölkerung selbst sich rekrutierend, beispiellos, und jedes Land könnte stolz sein, sie zu besitzen. Die Stärke von 800 Mann sei ein Kompromiß innerhalb der Regierungskommission. Er selbst habe eine niedrigere Zahl für ausreichend gehalten. Er könne aber ohne Besprechung mit den anderen Mitgliedern der Regierungskommission keine andere Zahl vorschlagen. Sicherlich könne man die Zahl von 800 als Maximum ansehen, und die Regierungskommission könnte eventuell, wenn sich die Möglichkeit herausstelle, eine Verminderung von sich aus vornehmen. Die Regierungskommission habe ferner eine internationale Zusammensetzung vorgeschlagen, ohne die Frage in allen Details besprochen zu haben, aber die Kräfte könnten aus den Armeen im besetzten Gebiet entnommen werden.

Vandervelde äußerte sich folgendermaßen: Der frühere Mehrheitsbeschluß der Regierungskommission, 3 Stimmen gegen 2, darunter die des Präsidenten, hatte unter Änderung der Form eine Fortsetzung dieser militärischen Besetzung [1]) vorgesehen gehabt, von der mancher im Rat mit einer peinlichen Unruhe sich gefragt hätte, ob sie eine juristische Stütze im Versailler Vertrag fände. Diese Lösung habe der Rat nicht zugelassen. Die neue Formulierung sehe einen Eisenbahnschutz, der internationaler Zusammensetzung sein kann, vor. Er sei nur organisiert zum Schutze des Transports und der Durchfahrt und dürfe sich nicht in die Aufrechterhaltung der Ordnung einmischen. Mit dem militärischen Charakter des Schutzes sei er einverstanden, ebenso mit der Stärke von 800 als Maximum, das gegebenenfalls heruntergesetzt werden könne. (Redner spricht dann noch über andere Saarfragen.)

Stresemann brachte nun folgenden Kompromißvorschlag:
1. Die Truppen müssen in 3 Monaten zurückgezogen sein.

[1]) Vandervelde machte sich die Terminologie „Garnisontruppen" nicht zu eigen und hielt die Besetzung für eine militärische.

2. Die neue Organisation greift nur in besonderen Ausnahmefällen ein, der Rat ist einstimmig nicht nur in diesem Punkt, sondern auch, daß die neue Organisation der Regierungskommission unterstellt ist.
3. Die Regierungskommission wird von neuem prüfen, ob die Stärke nicht auf eine niedrigere Zahl als 800 Mann herabgesetzt werden kann.

Briand erklärte sich damit einverstanden und pries nunmehr den Geist von Locarno, der auch hier zu einer befriedigenden Lösung verholfen habe, in recht poetischen Wendungen. Scialoja schlug als Berichterstatter folgende Fassung der Resolution vor:

„Der Rat nimmt Kenntnis von dem Bericht der Regierungskommission vom 18. Februar 1927 betreffend die Frage der Transport- und Durchfahrtsfreiheit auf den Eisenbahnen des Saargebiets.

Die von der Regierungskommission vorgeschlagene Organisation wird errichtet in einer Frist von höchstens 3 Monaten, und infolgedessen die im Saargebiet stationierten Truppen in derselben Frist zurückgezogen.

Die Eisenbahnkommission sowie die Bahnschutztruppen unterstehen der Regierungskommission und sind ihr gegenüber verantwortlich.

Die Bahnschutzkräfte können nur in Ausnahmefällen der Bevölkerung gegenüber in Funktion treten. Die Stärke von 800 Mann stellt das Maximum dar. Im Falle die Regierungskommission eine Verringerung dieser Zahl für möglich hält, kann sie die nötigen Maßnahmen dazu treffen, ohne vorher sich mit dem Rate in Verbindung zu setzen."

Diese folgenschwere Entschließung wurde sodann einstimmig angenommen. Der Streit in der Truppenfrage, der über sieben Jahre gedauert hatte, endete mit einem Kompromiß, dem der deutsche Reichsaußenminister zustimmte und sich mit dieser Haltung im Gegensatz zum saarländischen Mitglied der Regierungskommission und auch zum größten Teil der Bevölkerung des Saargebiets brachte. Die allgemeine Enttäuschung spiegelt sich in den Entschließungen der politischen Parteien und in den saarländischen Zeitungsstimmen wieder.

Die Saarbrücker Landeszeitung (Zentrum) schreibt am 17. März 1927:

„Die Saarbevölkerung ist auf das tiefste empört über den Beschluß des Völkerbundrates in der Militärfrage. Ihr Rechtsempfinden ist auf das schwerste verletzt durch die Schaffung des militärischen Bahnschutzes, dessen Einrichtung dem Wortlaut und dem Sinn des Versailler Vertrags und des Saarstatuts durchaus widerspricht und für den obendrein angesichts der Stärke und Zusammensetzung des Landjägerkorps, in dem ein erheblicher Teil frühere Eisenbahner sind, auch nicht das geringste Bedürfnis vorhanden ist . . . . . Am schwersten trifft es die Saarbevölkerung, daß es nicht die fremden Mächte allein sind, die sein Recht (des Saargebiets A. d. V.) vergewaltigen, sondern daß dabei der Vertreter des Deutschen Reichs, Außenminister Stresemann, hilfreiche Hand geleistet hat."

Die Saarbrücker Zeitung (Saarländische Volkspartei) schrieb am 14. März 1927 Nr. 72:

„Der Völkerbund aber ist bekanntlich dazu da, den Siegern in der Nachkriegszeit das Handwerk zu erleichtern; daneben müssen solche Kleinigkeiten wie ein Völkerbundsgebiet oder der Versöhnungsgedanke selbstverständlich zurücktreten."

Die sozialdemokratische Gewerkschaft des Saargebiets hatte schon vorher Vandervelde erklärt, daß sie keine militärische Besetzung wünsche, wenn aber ein Schutz für die Verkehrswege notwendig sei, dieser aus den im Saargebiet stehenden französischen Soldaten ausgewählt werde, an die sie gewöhnt seien[1]).

Die sozialdemokratische Partei sah, wie es in dem auf ihrem Parteitag Mitte März gefaßten Beschluß heißt, „die Erfolglosigkeit der deutschen Delegation bei der bisherigen Behandlung der Saarfrage" als „zweite schlimme außenpolitische Auswirkung des heute in Deutschland regierenden Rechtskabinetts" an. (Die erste war der Abbruch der deutsch-polnischen Handelsvertrags-Verhandlungen.)

Auch im übrigen Deutschland verkannte man die Schwere der Lage nicht.

Die Frankfurter Zeitung Nr. 194 vom 14. März 1927 meinte: „In dem Fall des Saargebiets handelt es sich um ein Kompromiß, das nicht diesseits, sondern jenseits des Versailler Vertrages liegt, womit Deutschland also ein Zugeständnis machen muß, das im Friedensdiktat nicht vorgesehen ist." Nach Ansicht der Vossischen Zeitung Nr. 122 handelt es sich ja „eigentlich äußerlich um keine prinzipiellen Dinge. Aber doch um Symptome dafür, daß selbst einfache Angelegenheiten noch immer nicht nach Recht und Billigkeit und unter möglichster Schonung der Empfindung der Beteiligten zwischen Frankreich und Deutschland erledigt werden können."

Die Kölnische Zeitung vom 15. März 1927 Nr. 196 hob besonders die Begründung Frankreichs für die Notwendigkeit des Bahnschutzes hervor, die man im Hinblick auf die weitere Entwicklung der Westpolitik Deutschlands im Auge zu behalten habe.

Von den französischen Pressestimmen ist La Croix vom 22. 3. 1927 besonders erwähnenswert, die das Kompromiß billigt und dabei ausführt: „doch die Wahrheit verpflichtet

---

[1]) Tägl. Rundschau Nr. 115 vom 1. März 1927.

uns anzuerkennen, daß der Friede von Versailles keine Besetzung der Saar durch interallierte Truppen vorsieht."

Der Reichstag beschäftigte sich mit dem Genfer Kompromiß in seiner Sitzung vom 22. 3. 1927[1]). Reichsaußenminister Stresemann erklärte, daß es der Delegation nicht in allen Fragen gelungen sei, den deutschen Standpunkt zur Geltung zu bringen. Man habe daher bei Aufrechterhaltung des deutschen Rechtsstandpunktes in einigen wichtigen Punkten Kompromisse abschließen müssen. Doch berechtige der loyale Verständigungswille, den Deutschland bei der Erörterung dieser Fragen gezeigt habe, daß er auch von der Gegenseite in den großen Fragen bewiesen werde, deren Lösung noch vor uns liege : die Räumung des linken Rheinufers und die Rückgabe des Saargebietes.

Breitscheid (Soz.), dessen Ausführungen in der Truppenfrage vor allem an die Rechtsparteien gerichtet waren, stellte fest, daß im Saarrevier auf Grund des Versailler Vertrages keine fremden Truppen gehalten werden dürfen, daß dieses Recht aber nicht einmal grundsätzlich in der öffentlichen Ratsversammlung vertreten worden sei. Es seien Rechte Deutschlands in den Wind geschlagen worden, doch wisse er, daß man innerhalb des Völkerbundes zu Kompromissen gelangen müsse. Auch die Sozialdemokratie empfinde, was Deutschland aufgegeben habe, sei aber nicht demagogisch genug, um daraus eine Anklage gegen den Außenminister selbst zu schmieden.

Spahn (Deutschn.) erklärte, daß die Saartruppenfrage nicht ausschließlich vom Gesichtspunkt der sogenannten politischen Wirkung aus, sondern vom Rechtsstandpunkt aus hätte gelöst werden müssen, wenn der Völkerbundrat statt wie bisher der Schauplatz rein machtpolitischer Kämpfe zu einer Stätte unparteiischer Wahrung von Recht und Billigkeit hätte werden sollen. „Wir betrachten es als eine Aufgabe der deutschen Politik im Völkerbundrat, das deutsche Recht selbst dann zu wahren, wenn im gegebenen Augenblick dafür eine Mehrheit noch nicht zu erreichen ist. Die statt dessen beschlossenen Kompromisse sind für Deutschland aber auch praktisch unbefriedigend. In dem sogenannten Bahnschutz können wir nur eine andere Form der militärischen Besetzung erkennen, deren Aufrechterhaltung weder nach dem Versailler Vertrag noch in den tatsächlichen Verhältnissen begründet ist, für die weitere Regelung der Besatzungsfrage aber von verhältnismäßiger Bedeutung werden kann." Er hält die Herabsetzung von 2000 auf 800 Mann für unbefriedigend und weist darauf hin, daß das Kompromiß im Saargebiet, vor allem zuerst bei der Zentrumspartei, starke Entrüstung hervorgerufen habe.

Kaas (Zentrum) hält das Genfer Kompromiß ebenfalls für objektiv wenig befriedigend. Vom rein rechtlichen Standpunkt aus betrachtet, könne es gar nicht zweifelhaft sein, daß die in dieser Frage von der Regierungskommission und dem Völkerbundrat bisher eingenommene Haltung nicht zu vertreten sei. Auch die politischen Gründe könnten einem Kenner der saarländischen Verhältnisse wahrhaftig nicht imponieren. Herr

[1]) Verhandlungen des Reichstags. III. Wahlperiode, Band 392, S. 9811 ff.

Briand, der von einer „population ardente" gesprochen habe, sei amtlich falsch informiert worden. Jedenfalls seien die eigentlichen und uneingestandenen Ursachen des zähen Festhaltens Frankreichs in einem sic volo, sic jubeo des französischen Generalstabs zu suchen, der die einmal widerrechtlich bezogene Position nicht räumen wolle. Es könne nur auf das Tiefste bedauert werden, daß der Völkerbund derartigen Strömungen in diesem Augenblick nachgegeben habe. Gewiß sei im Bewußtsein der Unerschütterlichkeit des deutschen Rechtsstandpunktes gefühlsmäßig der gegebene und von den weitesten Kreisen des Saargebietes und der deutschen Öffentlichkeit erwartete Weg der gewesen, eine Majorisierung dem Abschluß eines Kompromisses vorzuziehen. Damit allerdings hätte die deutsche Delegation angesichts der Sachlage, wie sie nun einmal durch das Verhalten besonders Frankreichs und der Regierungskommission geschaffen worden war, die Möglichkeit ausgeschlossen, an dem Beschluß noch Verbesserungen anzubringen. Wenn auch, wie so oft, hier die Politik das Recht beiseitegeschoben habe, so sei das Opfer doch mit Rücksicht auf die friedliche Weiterentwicklung gebracht worden. Das Opfer war aber umsonst, „wenn in der Behandlung der Saarfrage und der Rheinlandbesetzung nicht bald ein neuer Geist einzieht, ein Geist, der wirklich und mutig die Konsequenzen aus der Erkenntnis zieht, daß nun endlich die Zeit gekommen sei, an der Saar und am Rhein ganze Arbeit zu machen und mit den traurigen friedenstörenden Restbeständen einer Politik aufzuräumen, an deren politischen, geschweige denn moralischen Erfolg kein vernünftiger Mensch diesseits oder jenseits der Vogesen mehr zu glauben vermag." Deutschland habe nicht versucht, kleinliche Prestigepolitik zu treiben, daher mit Rücksicht auf die allgemeine Befriedung diesen Kompromiß abgeschlossen.

Von Rheinbaben (Deutsche Volkspartei) bedauert, daß statt der Regelung aus rechtlichen Gesichtspunkten heraus durch Briands Prestigepolitik ein Kompromiß nötig geworden sei.

Die Beschlüsse vom 12. März 1927 wurden pünktlich durchgeführt. Das 3. französische Dragonerregiment verließ seinen Standort Saarlouis und wurde nach Frankreich zurückgezogen, ebenso zwei Bataillone des französischen Infanterieregiments Nr. 153. Das 3. Bataillon des Regimentes bildet in Stärke von 630 Mann den Kern der Bahnschutztruppen, dazu kommen noch 100 englische und 68 belgische Soldaten [1]). Das Kommando über die Bahnschutztruppen hat zurzeit der französische Kommandeur. Die Eisenbahnkommission verfügt über 100 Mann, einschließlich der Offiziere.

## 2. Rechtliche Würdigung.

### a) Die Entscheidungsbefugnis des Völkerbundrates.

Die Regierungskommission verwaltet nicht, sondern sie regiert unverantwortlich gegenüber der Bevölkerung des Saargebiets, aber verantwortlich dem Völkerbundrat. Dieser ist Träger der

[1]) J. Off. 1927, S. 1045.

Pflichten, die sich aus seiner Stellung als Treuhänder ergeben, hat daher in erster Linie darüber zu wachen, daß die Regierung des Saargebiets den Bestimmungen des Saarstatuts entspricht; er muß das Recht besitzen, Maßnahmen, die gegen die Bestimmung des Versailler Vertrags verstoßen, entweder selbst aufzuheben [1]), oder deren sofortige Aufhebung der Regierungskommission aufzugeben. Neben seiner Entscheidungskompetenz in rein rechtlichen Fragen hat er auch Anordnungen verwaltungstechnischer Art, beispielsweise die Ernennung von Mitgliedern der Regierungskommission, zu treffen.

Während in der Frage der „Garnisontruppen" die rechtlichen Gründe einen großen Teil der Erörterungen einnahmen, trat die Rechtsfrage bei den Bahnschutztruppen ausdrücklich zurück. Stresemann hielt lediglich durch Einlegung von Rechtsverwahrung formell den Rechtsstandpunkt des Deutschen Reiches aufrecht, Briand erklärte, die Rechtsfrage nicht näher erörtern zu wollen, doch sei er in diesem Punkte anderer Ansicht als Stresemann, Chamberlain berief sich auf Gutachten, die ihm in dieser Frage vorliegen, aus denen die Rechtmäßigkeit der neuen Organisation hervorgehe, wenn sie ausschließlich unter der Gewalt der Regierungskommission stehe und unter der Aufsicht des Völkerbundrates, Scialoja drückte, wenn auch in humorvoller Weise, seine Bedenken über das Beiseiteschieben der rechtlichen Erwägungen aus, und Vandervelde erklärt geradezu die gegenwärtige Regelung als dem Rechtszustand entsprechend, während die bisherige Regelung und der erste Vorschlag der Regierungskommission ihm zweifelhaft erschienen seien. Stephens hatte seinen Rechtsstandpunkt den praktischen Erwägungen gegenüber aufgegeben. Die anderen Mitglieder des Rates äußerten sich über diese Frage nicht. Die Entschließung selbst schweigt ebenfalls in dieser Beziehung. Es ist daher anzunehmen, daß ein Teil des Rates die gegenwärtige Regelung mit den Bestimmungen des Saarstatuts vereinbar hält und so erneut den Grundsatz einer Verwaltung des Saargebiets nach den Vorschriften des Saarstatuts stillschweigend anerkannte. Bei Briand geschah dies allerdings lediglich formell, denn er sprach die rechtlich nicht haltbare Ansicht aus, daß gegenüber den Notwendigkeiten der Wirklichkeit die Rechtsthesen besser in die Aktenschränke verschwänden. Stresemann hingegen bezeichnete die

---

[1]) Über die nicht immer klare Praxis des Völkerbundrates und die Kontroversen der Kompetenzregelung vgl. die Ausführungen von Görgen, Die Volksabstimmung im Saargebiet, S. 86.

gegenwärtige Lösung als ein Opfer, das Deutschland bringe, indem es seine juristische Überzeugung zurückstelle.

Es erhebt sich nun die Frage, ob nicht Deutschland den Grundsatz einer an den Vertrag gebundenen Verwaltung aufgegeben hat und eine Verwaltung nach Zweckmäßigkeitsgründen und politischen Erwägungen für praktisch und zulässig hielt, wie sie Briand vorzuschweben scheint. Diese Ansicht würde allerdings im schroffen Gegensatz zu der bisherigen Rechtsauffassung der deutschen amtlichen Stellen über die Rechtsgrundlagen im Saargebiet stehen, würde auch dem Reich wie der Bevölkerung des Saargebiets diejenige letzte Garantie nehmen, die als ihr stärkster Schutz gegen Mißbrauch in der Verwaltung des Saargebiets angesehen wurde: das Saarstatut. Eine so weitgehende Annahme ist indessen nicht zu unterstellen, denn einmal hat Deutschland seinen Rechtsstandpunkt in wichtigen Details der Bahnschutzfrage durchgesetzt [1]), somit doch wiederum die Rechtsfrage als ausschlaggebend angesehen und zum andern seinen Standpunkt formell aufrecht erhalten, dadurch auch zum Ausdruck gebracht, daß die gegenwärtige Stellungnahme lediglich durch die gegenwärtigen Umstände, durch die Unmöglichkeit, den Rechtsstandpunkt praktisch durchsetzen zu können, bedingt wurde und nicht als grundsätzliches Einverständnis gewertet werden darf.

Maßgebend für das Nachgeben Deutschlands war das Bestreben, die Autorität des Völkerbundes nicht dadurch zu schwächen, daß es der Welt das Bild der Uneinigkeit im Rate zeigte, und vor allem ein gewisses Entgegenkommen gegenüber Frankreich im Geiste des in der Sitzung so oft genannten Locarno. Der Appell Chamberlains an Stresemann, durch Nachgeben in einigen Punkten eine Übereinstimmung zwischen Deutschland und Frankreich aller Welt zu zeigen, blieb nicht ohne Wirkung. Ob daher ein Nachgeben aus politischen Zweckmäßigkeitsgründen geboten war, soll hier in der rechtlichen Abhandlung nicht näher erörtert werden.

Eine andere Frage darf dabei trotzdem nicht übersehen oder unerörtert bleiben. Da die Beschlüsse des Rates mit den Bestimmungen des Saarstatuts übereinstimmen müssen, ergeben sich Schwierigkeiten, wenn bei einem Beschlusse seine Übereinstimmung mit dem

---

[1]) Rückziehung der französischen Truppen, Beschränkung der Funktionen des Bahnschutzes auf Ausnahmefälle, genaue Festlegung ihrer Aufgabe. Alle diese Forderungen entsprangen dem Grundsatz, daß lediglich die örtliche Polizei mit der Aufrechterhaltung der Ordnung betraut werden darf, wie es im § 30 vorgesehen.

Saarstatut im Rate bestritten wird. Gemäß § 40 ist der Rat befugt, über die im Saarstatut behandelten Gegenstände mit Stimmenmehrheit zu entschließen. Soweit es sich um praktische Fragen handelt, z. B. Ernennung eines neuen Mitgliedes der Regierungskommission, ist diese Bestimmung durchaus angebracht. Anders verhält es sich in Rechtsfragen. Zweifellos gibt es genügend Fälle, wo durch Mehrheitsbeschluß Recht geschaffen wird; bei jedem Kollegialgericht kommt diese unumgängliche Bestimmung zur Anwendung, auch bei dem internationalen Gerichtshof im Haag. Nun hat der Rat, wie Briand in seiner Rede wohl nicht ohne tiefere Absicht betonte, eine gewisse „jurisprudence". Aber ihm fehlt das, was bei Kollegialgerichten entscheidend ist: seine Mitglieder sind keine Richter. Sie sind nicht lediglich an ihr Gewissen gebunden, auch nicht unabhängig und lebenslänglich angestellt, sie können von ihren Regierungen mit festen Aufträgen entsandt werden, können in Angelegenheiten ihrer eigenen Länder mitberaten [1]) und mitabstimmen, ein Mißerfolg kann sie stürzen! Eine Entscheidung des Rates in einer Rechtsfrage bietet somit keine Garantie für eine Beurteilung des Einzelfalles nach Erwägungen rein rechtlicher Art. Infolgedessen erhebt sich die Forderung, daß Rechtsfragen bei einer Verwaltung, die an bestimmte vertraglich vereinbarte Rechtsnormen gebunden ist, nicht durch einen Mehrheitsbeschluß einer politisch zusammengesetzten Organisation entschieden werden. In den meisten Ländern mit moderner Verfassung besteht die Möglichkeit, die Rechtmäßigkeit bestimmter Handlungen und Anordnungen der verantwortlichen Regierungsbehörden durch den unabhängigen Richter nachprüfen zu lassen, eine Einrichtung, in der man mit Recht eine Garantie für den Bürger erblickt. Die Regierungskommission ist dem Volke nicht verantwortlich, könnte also, wenn sie sich in politischer Übereinstimmung mit der Mehrheit des Völkerbundrates befindet, ohne Rücksicht auf jegliche andere Auffassung regieren, und die Beschlüsse des Rates wären nur der Ausdruck einer bestehenden politischen Gesinnungsübereinstimmung. Ein solcher Zustand würde am meisten der Völkerbundsidee selbst schaden. Man braucht in keiner Weise einen schlechten Willen bei den einzelnen Ratsmitgliedern vorauszusetzen, besonders dann nicht, wenn sie an Weisungen seitens ihrer Regierungen gebunden sind. Ihre Ansichten können aus der Interessenslage heraus entstanden sein, aus ihrer Auffassung, die mit der Rechts-

---

[1]) Daher die Zugehörigkeit zum Rat so wertvoll und umkämpft.

auffassung anderer Kreise nicht übereinstimmt [1]). Mehrheitsbeschlüsse in Rechtsfragen bergen die Möglichkeit eines Rechtsbruches weit mehr in sich als richterliche Entscheidungen. Daher müßte es als Pflicht des Rates angesehen werden, in solchen Zweifelsfällen von der Möglichkeit Gebrauch zu machen, die der Artikel 14 der Völkerbundssatzung an Hand gibt, der Einholung einer gutachtlichen Äußerung durch den ständigen internationalen Gerichtshof [2]). In anderen Fällen ist die Einholung eines Avis consultatif von der Cour permanente als Äußerung in schwierigen Fragen ein beliebtes, manchmal sogar ohne zwingende Notwendigkeit gewähltes Auskunftsmittel, wie die Verhandlungen des Rates über den ungarisch-rumänischen Streitfall gelegentlich der 8. Völkerbundstagung bewiesen haben. Ein solches Verfahren vermindert die Gefahren, die sich aus der absolutistischen Rechtsstellung der Regierungskommission und des Völkerbundrates ergeben. Der gegenwärtige Rechtszustand im Saargebiet ist einzig in Europa. Das vorgeschlagene Verfahren wäre geeignet, das Vertrauen zur Völkerbundsregierung, das in weiten Kreisen der Saarbevölkerung außerordentlich gelitten hat, zu stärken, und die Idee des Rechtes vor die Macht zu setzen, die sich aus der politischen Zusammensetzung des Rates ergibt.

### b) Die Frage der Rechtsmäßigkeit der Schaffung einer Bahnschutztruppe.

Die Pflicht der Regierungskommission, für eine Durchfahrt der internationalen Züge zu sorgen, unterscheidet sich in nichts von der gleichen Verpflichtung, die etwa die Schweiz oder andere Staaten in den völkerrechtlichen Verträgen, meist Kollektivverträgen, übernommen haben [3]). Die Sicherung dieser Durchfahrt war auch nicht die Veranlassung zu dem Beschluß des Völkerbundrates vom 18. 3. 1926. Im Falle eines Streiks hätten die Züge umgeleitet werden können, abgesehen davon, daß auch in anderen Ländern ein Streik einmal ausbrechen kann, der den Verkehr lahmlegt. In diesem Falle, der als höhere Gewalt angesehen werden muß, ruhen eben die in den Verträgen übernommenen Verpflichtungen.

---

[1]) Daher auch die verschiedenartige Zusammensetzung bei der Cour permanente.

[2]) Eine solche Idee scheint auch Scialoja vorgeschwebt zu haben.

[3]) Besondere Bestimmungen für Deutschland Art. 365 ff. V. V.

Das Wesentliche war die Sicherstellung der Militärtransporte der alliierten Rheinlandtruppen. Aus den Aufstellungen der Regierungskommission geht hervor, einen wie riesigen Umfang diese Transporte einnehmen. Das Saargebiet ist — gegen die Bestimmungen des V. V. — im wahrsten Sinne des Wortes zur Etappe geworden. Auffallenderweise gingen sämtliche Berichte der Regierungskommission trotz der sonstigen Unterschiede in der Auffassung davon aus, daß eine Pflicht der Regierungskommission bestünde, die Militärtransporte durchzulassen. Die Reichsregierung äußerte sich zu dieser Frage nicht, wohl aber die politischen Parteien des Saargebiets, die das Vorhandensein einer solchen Verpflichtung bestritten [1]), und es mit der Neutralität des Saargebiets unvereinbar hielten. Den gleichen Standpunkt hatte früher schon Bisschop vertreten [2]). Eine Bestimmung des Versailler Vertrags, die ein solches Durchmarschrecht vorsieht, existiert nicht, vielmehr ist in § 22 des Saarstatuts ausdrücklich bestimmt, daß die Regierungskommission die volle Nutzung des gesamten Eigentums hat, „das bisher der Deutschen Regierung oder der Regierung irgend eines deutschen Staates im Saargebiet als öffentliches oder privates Staatseigentum gehörte“ — ausgenommen hiervon sind nur die Gruben, und Absatz 2 des § 19 stellt fest, daß die Regierungskommission die volle Freiheit in der Verwaltung und Ausbeutung der Eisenbahnen hat. Beide Paragraphen sprechen also gegen die Belastung mit einem Durchfahrts- oder Benutzungsrecht der alliierten Armeen. Man könnte ein solches als stillschweigend vereinbart oder als selbstverständlich vorausgesetzt annehmen, wenn das Saargebiet die Verbindung zwischen Rheinarmee und französischem Mutterland trennen würde. Auch dies ist nicht der Fall, denn es existieren noch weitere Linien mit direktem Verkehr zwischen dem besetzten Rheinland und Frankreich, auch Linien mit Schnellzugverkehr (Diedenhofen-Trier-Koblenz). Daß ein Weg über das Saargebiet in vielen Fällen angenehmer sein kann, soll nicht bestritten werden, berechtigt aber zur Ableitung einer Duldungspflicht ebensowenig, wie eine solche von den Engländern nach Räumung der ersten Zone über Köln in Anspruch genommen werden konnte und wurde.

Die Aufgabe, die Bahnen zu schützen, ist Bestandteil der allgemeinen Aufgabe einer Regierung, die Ordnung aufrecht zu erhalten und das Eigentum, auch das Staatseigentum, zu schützen. Dies

---

[1]) Ebenso Saarfreund 1926, S. 182.

[2]) Bisschop, S. 60.

war auch der Standpunkt von Stephens. Die Bahnen gehören dem Deutschen Reich, die Regierungskommission hat daran die Nutznießung. Es lag somit kein Grund vor, den Schutz dieser Bahnen aus dem Aufgabenkreis der örtlichen Gendarmerie herauszunehmen und sie einer besonderen Organisation zu unterstellen. Ein solches Verfahren widersprach den Bestimmungen des § 30. Wenn übrigens Grund für die Befürchtung bestanden hätte, daß die Bahnen irgendwie beschädigt oder zerstört würden, so hätte in erster Linie das Deutsche Reich als Eigentümer Anlaß zu besonderen Schritten gehabt, denn seinem Eigentum drohte Gefahr. Das Reich wäre der vorläufig Geschädigte und aller Voraussicht nach auch der endgültig Geschädigte gewesen.

Die Einrichtung eines besonderen Bahnschutzes hatte in Wahrheit allein den Grund, unter allen Umständen das Saargebiet als Etappe für die Rheinarmee zu sichern, die Bahnschutztruppen sollten Etappenschutz sein. Man wollte, wie das bei einer rein militärischen Betrachtungsweise auch verständlich erscheint, den Schutz der Etappe nicht einer Gendarmerie überlassen, über die man keine Kommandogewalt hatte. Die Regierungskommission ist diesen Gedankengängen so weit gefolgt, daß sie auch noch in ihrem letzten Vorschlag vom 18. 2. 1927 ein selbständiges Handeln der Eisenbahnkommission im Falle ihres Einsatzes vorsah, somit die Aufsicht über diese aus interalliiertem Militär zusammengestellte Organisation aufgeben wollte, um ein restloses Arbeiten derselben nach dem Befehle der Rheinarmee sicher zu stellen, mit der sie schon zu normalen Zeiten die Verbindung aufrecht zu erhalten hatte. Daß die Regierungs-Kommission sich damit gegen den Grundsatz verging, nach dem sie die Verwaltung nicht übertragen und die Verantwortung nicht abschieben dürfte, ist außer Koßmann auch Chamberlain nicht entgangen, der im Rate eine Korrektur der Vorschläge durchsetzte.

Der Regierungskommission ist die oberste Gewalt im Saargebiet übertragen. Man kann sich denken, daß sie in zwingenden Einzelfällen fremden Truppenteilen den Durchzug durch das Saargebiet gestattet. Sie ist aber für die Art, wie sie von der zu treuen Händen übertragenen Gewalt Gebrauch macht, an die Bestimmung des Saarstatuts gebunden, darf also bei Einräumung einer Durchzugserlaubnis im Saargebiet keine Zustände entstehen lassen, die geeignet sind, die Rechte oder das Wohl der Bevölkerung zu gefährden, oder eine einseitige Begünstigung einer Partei darstellen. Keinesfalls darf das Saargebiet Etappengebiet werden, ein solcher Zustand ist mit der gewollten Neutralität nicht in Einklang zu bringen. Selbst bei geschlossener Durchfahrt von Truppen müssen Sicherungen dafür vorhanden sein, daß die eingeräumte Befugnis nicht mißbraucht wird, insbesondere zu Propagandazwecken. Auch die Frage des Ersatzes von Schäden, die durch Angehörige des Truppentransportes verursacht worden sind, bedarf einer besonderen Regelung [1]). Die Bereitstellung einer Kaserne in Saarbrücken zum Übernachten für die durchfahrenden Soldaten enthält einen Verstoß gegen das Gebot, vor allem die Rechte und das Wohl der Bevölkerung sicher zu stellen; denn der so notwendige Wohnraum darf der Bevölkerung nicht zugunsten einer auswärtigen Macht entzogen werden. Ein praktisches Bedürfnis ist übrigens bei der Kürze der Saarstrecken nicht anzuerkennen.

Für die Errichtung der Eisenbahnkommission und die Art ihrer Zusammensetzung sind ebenfalls keine rechtlichen Gründe erfindlich. Wenn eine Durchfahrt gestattet wird, ist die Ausführung derselben Sache der Eisenbahnbehörden im Saargebiet und der angrenzenden Bahnverwaltungen. Die Kommission ist lediglich dadurch bedingt, daß die Regierungskommission die Durchführung von Militärtransporten zu einer ständigen Einrichtung hat werden lassen. Wie sich weiterhin noch zeigen wird, führt diese gegenwärtige Regelung zu einer Einschränkung der Gerichtsbarkeit im Saargebiet, eine Konsequenz, die bei den Verhandlungen vor dem Völkerbundrat offenbar übersehen, jedenfalls nicht zur Sprache gebracht wurde, wie übrigens die ganze Behandlung der Saarfrage im März 1927 in Genf darunter litt, daß die Beratung auf den letzten Tag verschoben wurde und es an Zeit fehlte, das Problem selbst und die Wirkungen und Folgen des Kompromisses genügend durchzusprechen. Die Unterstellung der Eisenbahnkommission unter die Gewalt der Regierungskommission mußte erst vom Völkerbund ausgesprochen werden. In dieser Beziehung hat der Grundsatz der Selbständigkeit der Verwaltung Anerkennung gefunden; der vertragswidrige Zustand bestand offenbar jahrelang.

Die Errichtung des Bahnschutzes stellt somit eine Verletzung des § 30 im Saarstatut dar, weil Militär statt örtliche Polizei mit der Bewachung der Bahnen beauftragt ist, verstößt gegen die neutrale Stellung, die dem Saargebiet mit einer Sonderverwaltung zugedacht war, und verschafft infolge der Zusammensetzung der Bahnschutz-

[1]) Die Frage hat praktisches Interesse. So z. B. wurden am 8. Mai 1921 durch französische Soldaten auf vielen Bahnhöfen im Saargebiet Fensterscheiben eingeworfen. Saarfreund 1921, S. 144.

truppen Frankreich und den anderen Siegermächten eine bevorzugte Stellung, die seitens der Regierungskommission noch besonders verstärkt worden ist. Darüber später.

Andererseits befinden sich die Bahnschutztruppen auf Grund eines Völkerbundbeschlusses, dem auch Deutschland zugestimmt hat, im Saargebiet. Ihre Entfernung kann nur auf Grund eines Ratsbeschlusses erfolgen, zu welchem dann unbedingt eine vertragliche Verpflichtung vorliegt, wenn sich ergibt, daß die Truppen entbehrt werden können oder ihr Aufenthalt im Abstimmungsgebiet zu bisher nicht gesehenen Konsequenzen führt, die geeignet sind, die Voraussetzung für eine freie Abstimmung in Frage zu stellen.

### c) Die Aufgaben der Bahnschutztruppen.

Der Zweck der Bahnschutztruppen ergibt sich eindeutig aus ihrer Entstehungsgeschichte und den Beschlüssen des Völkerbundrates. Sie dienen lediglich dazu, die für den Durchgangsverkehr nötigen Bahnlinien vor Zerstörungen oder Sabotageakten zu schützen und den Verkehr sicher zu stellen. Den Begriff Bahnlinie wird man zweckentsprechend nicht nur auf die Gleisanlagen, sondern auch auf die andern zum Bahnbetrieb als solchem nötigen Anlagen anwenden müssen, auch auf die Bahntelegraphen- und Telefonanlagen, aber nur auf diese. Das Betrauen der Bahnschutzkräfte mit der Aufrechterhaltung der Ordnung ist grundsätzlich verboten, soweit dies nicht zum Bahnschutz gehört. Die Bewachung einer Bahnbrücke wird z. B. immer das Verbot von Ansammlungen unter dieser Brücke zur Folge haben, ohne daß in diesem Falle in die allgemeine Aufrechterhaltung der öffentlichen Ordnung eingegriffen wird. Hingegen ist es z. B. nicht statthaft, Bahnschutztruppen mit der Ausführung von Straßenpatrouillen in Städten zu betrauen [1]). Der Bericht der Regierungskommission, die Grundlage für die Beschlüsse des Völkerbundrates, betont ausdrücklich diese Beschränkung der Funktionen des Bahnschutzes. „Dagegen dürfen sich diese Kräfte nicht in die Aufrechterhaltung der Ordnung einmischen oder sogar den Schutz von Personen und Sachen übernehmen, es sei denn, daß dies zur Überwachung des Bahn-, Telefon- oder Telegraphendienstes nötig ist". Da die Bahn eigene Nachrichtenmittel hat, kann es auch nicht Aufgabe des Bahnschutzes sein, etwa die Postanlagen zu schützen.

---

[1]) Auf die Anfrage der Deutsch-saarländischen Volkspartei, ob es den Tatsachen entspreche, daß Patrouillengänge bewaffneter Truppen durch die Stadt Saarbrücken erfolgen, erklärte die Regierungskommission, sie habe „beschlossen, keine Antwort zu erteilen". (Saarbrücker Landeszeitung vom 18. Sept. 1927.)

Dies würde keine Sicherung des Bahnverkehrs bezwecken und somit über den Rahmen hinausgehen, der dem Bahnschutz gesetzt worden ist.

Der Bahnschutz darf ferner nur bei Ausnahmefällen gegenüber der Bevölkerung in Funktion treten (Beschluß des Rates Abs. 3). Diese Ausnahmefälle müssen logischerweise so beschaffen sein, daß für die Bahnanlagen eine Gefahr besteht. Auch bei der Verhängung des Belagerungszustandes darf der Bahnschutz nicht mit anderen Aufgaben betraut werden. Die Zusicherungen der Regierungskommission müssen in dieser Hinsicht als unbedingt bindend angesehen werden, sie waren auch Voraussetzung für die Zulassung des Bahnschutzes, mögen auch vor allem dem deutschen Vertreter die Zustimmung erleichtert haben.

Eine seltsam unklare Ausführung des Direktors des Innern und des Kabinetts der Regierungskommission, Heimburger, an die Zeitungen gibt Anlaß zu der eben getroffenen Feststellung. Er führt aus: „Bekanntlich sieht der § 30 Kapitel II, Teil III des Friedensvertrages von Versailles die Bildung einer örtlichen Gendarmerie vor zur Aufrechterhaltung der Ordnung. Schon der Vorgänger von Herrn Stephens, Präsident Rault, hatte der Schaffung und Weiterentwicklung des Landjägerkorps großes Interesse entgegengebracht. Jetzt, da die Bestände der örtlichen Gendarmerie vollzählig sind und die Garnisontruppen zurückgezogen wurden, obliegt dem Landjägerkorps in Verbindung mit den internationalen Bahnschutztruppen nunmehr allein die Aufrechterhaltung der Ordnung im Saargebiet [1])." Wenn nicht an sich schon eine genaue Feststellung der Funktionen und Aufgaben des Bahnschutzes zu fordern wäre, Äußerungen wie diese machen eine genaue Begrenzung seiner Aufgabe zur Voraussetzung für eine reibungslose Arbeit.

### d) Ihre rechtliche Stellung auf fremdem Staatsgebiet.

Im Gegensatz zu den französischen Garnisontruppen, die dem französischen Kriegsministerium unterstanden und lediglich auf Aufforderung der Regierungskommission tätig wurden, unterstehen nach dem ausdrücklichen Beschluß des Völkerbundrates die Bahnschutztruppen ausschließlich der Regierungskommission. Sie sind als Organ derselben anzusehen und haben sich aus diesem

[1]) Der Sperrdruck vom Verfasser.

Grunde in die Rechtsordnung des Saargebiets vollständig einzuordnen. Lediglich die Regierungskommission ist berechtigt, in der Frage der Verwendung Anordnungen zu treffen, und trägt für ihre Unterbringung Sorge; soweit hierzu besondere Maßnahmen nötig sind, haben dieselben von ihr aus zu erfolgen, nicht seitens der Heimatstaates der Truppen. Das ergibt sich aus dem Grundsatz der Selbständigkeit der Verwaltung, zu der sich der Völkerbundrat gerade in der Bahnschutztruppenfrage ausdrücklich bekannte, der jegliche Einmischung in die Verwaltungsangelegenheiten des Saargebiets durch eine ausländische Behörde ausschließt. Unter Verletzung des Völkerbundbeschlusses vom 12. 3. 1927 unterhandelte jedoch, im Einverständnis mit der Regierungskommission, ein Vertreter des französischen Kriegsministeriums mit Kommunen des Saargebiets wegen des Abschlusses von Mietverträgen zur Unterbringung von Bahnschutzangehörigen. Als in der Stadt Neunkirchen Anfang August 1927 Privatwohnungen von der Gemeinde gemietet werden sollten, legte der in Begleitung eines Beamten der Regierungskommission erschienene französische Offizier einen Vertragsentwurf vor, in dem als vertragschließender Teil einerseits die Stadt Neunkirchen, andererseits das französische Kriegsministerium, Abtlg. Feldeisenbahn, angegeben war. Mit Recht verweigerte der Vertreter der Stadt die Unterzeichnung eines solchen Vertrages.

Die Regierungskommission billigte fernerhin dem Bahnschutz eine Rechtsstellung zu, die mit den Beschlüssen des Völkerbundrates schwerlich in Einklang zu bringen ist. In einer Sitzung vom 22. 6. 1927 räumte sie den Bahnschutztruppen das Recht der Exterritorialität ein und „stellte" in einer weiteren Sitzung vom 13. 6. 1927 „fest", daß auf dem Durchzug befindliche Militärpersonen der alliierten Truppen in Detachements, einzelne Offiziere oder Mannschaften, die Sonderstellung der Exterritorialität mit allen hieraus sich ergebenden völkerrechtlichen Folgerungen genießen [1]). Da das Schreiben des Direktors des Innern und des Kabinetts, Heimburger, vom 13. 6. 1927, auf das zur Rechtfertigung dieser Maßnahme Bezug genommen wird, nicht veröffentlicht ist, sind die Gründe, welche die Regierungskommission zu ihrem Beschluß führten, nicht bekannt. In ihrem 30. periodischen Bericht verweist sie zur Rechtfertigung dieser Maßnahme auf die Prinzipien des Völkerrechts [2]).

---

[1]) Siehe Anlage Nr. 4—6.

[2]) J. O. 1927, S. 1045.

Es konnte an sich schon fraglich erscheinen, ob der Regierungskommission überhaupt das Recht zustand, die Truppen als exterritorial zu erklären. Görgen [1]) macht darauf aufmerksam, daß eine Truppe auf fremdem Staatsgebiet nur dann als exterritorial angesehen wird, wenn sie sich mit Zustimmung des fremden Staates auf dessen Gebiet aufhält. „Das Saargebiet selbst kann dieser Staat nicht sein, da es nach heute allgemein anerkannter Rechtslehre kein selbständiges Staatswesen, sondern Teilgebiet des reichsdeutschen Territoriums geblieben ist. Der Völkerbund ist ebenfalls als Treuhänder des Gebietes keine Staatseinrichtung, die evtl. ihrem Verwaltungsorgan in Saarbrücken Souveränitätsbefugnisse verleihen könnte. Im Gegenteil: die Souveränität ist beim deutschen Reiche geblieben. Indessen ist ein Teil, ein Ausfluß dieser Souveränität an das Völkerbundsorgan an der Saar übergegangen, jedoch nicht dergestalt, daß pars pro toto handeln kann, d. h. daß die Regierung des Saargebietes als Verwaltungsbehörde im Interesse Deutschlands einen völkerrechtlichen Akt setzt, der nur der Gesamtsouveränität zukommt. Die Saarregierung ist nur eine Verwaltungsbehörde, der die eigentlichen Regierungsbefugnisse eines souveränen Staates gänzlich abgehen. Wenn sie im Laufe der Jahre trotzdem souveräne Staatsakte vollzogen hat, so ist sie damit über ihre Befugnisse hinausgegangen. Der Saar-Bahnschutz hat als Aufgabe mit Zustimmung der deutschen Reichsregierung die Überwachung des Eisenbahnnetzes bekommen. Die Zustimmung der deutschen Regierung als dem Souveränitätsträger im Saargebiet bezog sich nur auf die Funktionen des Bahnschutzes, d. h. der deutsche Außenminister hat unter einem gewissen Druck darin eingewilligt, daß, um einem politischen Bedürfnis Frankreichs entgegenzukommen, das Saarbahnnetz, dessen Schutz nur den eigentlichen Landesorganen zukommt, einem besonderen Schutz unterstellt wird, für den im Vertrag von Versailles keinerlei Rechtsunterlage gegeben ist, und der im Völkerrecht eine ganz eigenartige Maßnahme und Neuerung darstellt. Mit der Einwilligung Deutschlands war aber lediglich eine politische Handlung gesetzt, die sich aus der Zusammensetzung des Völkerbundrates zwangsläufig ergab. Rechtliche Kraft, d. h. Einwilligung der deutschen Reichsregierung in eine eventuell vorzunehmende Exterritorialerklärung, lag niemals im Sinne der Ausführungen Stresemanns. Deutschlands Bewilligung war ja doch, wie Briand sich ausdrückte, eine Folge von Locarno, d. h. also eine

[1]) Görgen, Exterritorialität des Saarbahnschutzes? Germania Nr. 393 vom 25. 8. 1927.

politische Maßnahme im Interesse der Befriedung Europas. Diese von Deutschland gewünschte Befriedung Europas sollte aber keineswegs eine völkerrechtliche Handlung der Saarregierung präjudizieren, mit anderen Worten: Die Einwilligung der deutschen Reichsregierung in der Aufstellung des Bahnschutzes war ein außenpolitischer Akt von temporärer Bedeutung, dem keine völkerrechtliche Wesensbestimmung oder rechtliche Ausnahmestellung der Saar-Bahnschutztruppen innewohnte."

Eine Zerlegung der Zustimmung Deutschlands als Mitglied des Völkerbundrates einerseits und als Träger der Souveränität andererseits ist meines Erachtens nicht durchführbar. Richtig ist aber, daß die Zustimmung des deutschen Außenministers zum Beschlusse des Völkerbundrates nicht den Sinn hatte und haben konnte, den die Regierungskommission ihr nachträglich beigelegt hat. Das Einverständnis bezog sich darauf, daß Truppen mit dem Bahnschutz im Saargebiet betraut werden, aber, wie aus den Verhandlungen und dem Beschluß des Völkerbundrates unbestreitbar hervorgeht, unter der Bedingung, daß diese der Befehlsgewalt der Regierungskommission unterstellt sind, mithin als Organ derselben anzusehen und selbstverständlich auch ihr gegenüber unmittelbar verantwortlich sind. Bei dieser Sachlage ist es unmöglich, daß die Bahnschutztruppen für exterritorial, d. h. der Regierungskommission gegenüber nicht unmittelbar verantwortlich erklärt werden, denn die Exterritorialität schließt begrifflich eine Unterstellung der Truppen unter die Befehlsgewalt der Regierungskommission aus. Die Entscheidung der Regierungskommission muß daher als ein Bruch der Genfer Beschlüsse bezeichnet werden. Wenn es wirklich zutrifft, daß diese Maßnahme, wie in dem 30. periodischen Bericht der Regierungskommission an den Völkerbund behauptet wird, „auf Veranlassung der daran interessierten militärischen Stellen" erfolgt ist, so würde dies bedeuten, daß die fraglichen militärischen Stellen nicht gewillt sind, einen Beschluß des Völkerbundes in der vorgesehenen Form durchzuführen. Es würde damit dem Ratsbeschluß eine wesentliche Voraussetzung fehlen und den Gesamtbeschluß einschließlich der Zustimmung Deutschlands hinfällig machen.

Die Verleihung des Rechts der Exterritorialität für die durchfahrenden Truppenverbände kann mit dem Hinweis auf die Prinzipien des Völkerrechts entschuldigt werden, nicht aber rechtfertigen diese Prinzipien, daß jeder einzelne alliierte Offizier oder

Soldat, der durch das Saargebiet reist, als exerritorial angesehen wird [1]).

Rechtswidrig ist fernerhin der Beschluß der Regierungskommission vom 8. Juli 1927, der sämtlichen Landjägern die Pflicht des militärischen Grußes gegenüber allen Offizieren jeglichen Grades der belgischen, britischen und französischen Truppen auferlegt. Die Verpflichtung wurde vom Direktor des Innern, Heimburger, auf alle uniformierten Polizeibeamten, auch auf Angehörige derKommunalpolizei, ausgedehnt [2]). Im Deutschland der Vorkriegszeit bestand eine solche Grundpflicht nicht, sie besteht gegenwärtig nur im besetzten Gebiet den Offizieren der Besatzungstruppen gegenüber. Die Bahnschutztruppen dürfen nicht zur Aufrechterhaltung der öffentlichen Ordnung herangezogen werden; deshalb fallen auch alle Gründe weg, die den Grußzwang aus einem Überordnungsverhältnis heraus rechtfertigen könnten. Die Anordnung ist so überflüssig, wie sie eine rechtswidrige Beeinflussung und eine durch nichts gebotene Demütigung des deutsch empfindenden Elements im Saargebiet darstellt. Die Aufhebung dieses bedauerlichen Rückfalles in die Mentalität des Jahres 1918/19, wo ebenfalls Grußpflicht bestand, wird dringende Aufgabe des Völkerbundes sein.

### e) Gerichtsbarkeit.

Da die Anwesenheit einer Bahnschutztruppe zur ständigen Einrichtung im Saargebiet geworden ist, gewinnt die Frage der Gerichtsbarkeit wieder besondere Bedeutung. Trotz Bedenken prinzipieller Art berührt es die Belange der Bewohner des Saargebiets nicht, wenn militärische Delikte sowie solche des gemeinen Rechts, bei denen die Bewohner des Saargebiets weder verletzt noch bedroht sind, durch die Truppen selbst abgeurteilt werden. Soweit jedoch Saarländer ihren gesetzlichen Richtern entzogen werden, steht die Militärgerichtsbarkeit im Widerspruch zu den Bestimmungen des Versailler Vertrags.

Der bisherige Rechtszustand war in der Verordnung vom 28. Juni 1921 festgelegt, die zwar zu Vorstellungen der Reichsregierung Anlaß gegeben und auch nicht die Billigung des Völkerbundes

---

[1]) Statt vieler Heyking, L'exterritorialité. Paris 1926, S. 185 ff. Frisch: Der völkerrechtliche Begriff der Exterritorialität, Wien, 1916, S. 44. „Exterritorial sind nur geschlossene Truppenkörper; Soldaten, die von ihrer Abteilung abgekommen sind, d. h. die tatsächlich nicht mehr unter der Autorität ihres Vorgesetzten stehen, sind nicht mehr exterritorial; ebensowenig solche, die fremdes Staatsgebiet außerdienstlich betreten."

[2]) Siehe Anlage Nr. 7.

gefunden hatte. Nach ihr war die Zuständigkeit über Zivil- und Militärpersonen dahin geregelt, daß die Kriegsgerichte grundsätzlich nur über Delikte der Soldaten sowie bei Spionage zu befinden hatten. Im Falle gemeinschaftlicher Begehung konnten die Zivil- oder die Kriegsgerichte für zuständig erklärt werden. Eine besondere Regelung war für den Fall des Ausnahmezustandes vorgesehen.

Nunmehr hat die Regierungskommission im Zusammenhang mit der Verleihung des Rechts der Exterritorialität an die Bahnschutztruppen eine Änderung der Verordnungen vom 28. Juni 1921 und 7. Juli 1921 in Aussicht gestellt. Es wird sich noch ergeben, wie sie die Exterritorialität des Bahnschutzes mit den Bestimmungen des Saarstatuts und den Beschlüssen des Völkerbundrates in Einklang bringt.

Grundsätzlich kann in der Frage der Gerichtsbarkeit des Militärs festgestellt werden:

Da keine völkerrechtliche Verpflichtung besteht, Truppentransporte durch das Saargebiet zu dulden, die Durchfahrt von Verbänden der alliierten Armeen vielmehr aus freien Stücken gestattet wird, darf die Regierungskommission diesen Truppen nur insoweit eigene Gerichtsbarkeit einräumen, als eine solche nicht mit den Rechten der Bevölkerung oder den Pflichten der Regierungskommission in Widerspruch steht. Es wird also nichts dagegen einzuwenden sein, wenn militärische Delikte oder solche des gemeinen Rechtes, bei denen keine saarländische Interessen verletzt sind, von alliierten Kriegsgerichten abgeurteilt werden. Hingegen müssen die ordentlichen Gerichte des Saargebiets zuständig bleiben, wenn durch die strafbare Handlung Bewohnern des Saargebiets Schaden irgendwelcher Art zugefügt worden ist. Dies gilt auch für den Fiskus, besonders die Eisenbahnverwaltung, die vor Nachteilen geschützt werden muß. Eine Gerichtsbarkeit über die Bewohner des Saargebiets kommt überhaupt nicht in Frage. Die Gestattung der Durchfahrt, die infolge der besonderen Stellung des Saargebiets nur in wichtigen Ausnahmefällen erfolgen dürfte, in Wirklichkeit allerdings im Widerspruch mit dem Versailler Vertrag eine ständige Einrichtung geworden ist, muß daher an Bedingungen geknüpft werden, die der bestehenden Rechtslage Rechnung tragen.

Für die Bahnschutztruppen gilt folgendes: Die Regierungskommission muß sich auch hier an die Pflichten halten, die ihr das Saarstatut und die Beschlüsse des Völkerbundes auferlegt haben. Es soll nicht außer acht gelassen werden, daß sie infolge der Eigenart der Verhältnisse mit dem Bahnschutz über ein Organ verfügt, das durch seine Zusammensetzung und Gliederung Sonderheiten aufweist, die insoweit berücksichtigt werden können, als die Rechte der Bevölkerung und der Zweck des gegenwärtigen Regimes darunter nicht leiden. Aus diesem Grunde ist nichts dagegen einzuwenden, wenn Vergehen rein militärischer Art durch die Truppen selbst abgeurteilt werden, zumal die Einhaltung einer straffen Disziplin auch im Interesse der Bevölkerung liegt. Auf Verbrechen und Vergehen des gemeinen Rechts können, soweit keine Belange der Bevölkerung oder der öffentlichen Gewalt durch sie verletzt werden, der inländischen Gerichtsbarkeit entzogen werden, obschon zwingende Gründe für diese Maßnahmen kaum vorliegen dürften. Für alle anderen Fälle müssen die saarländischen Gerichte zuständig bleiben. Grundsätzlich ist es mit den Bestimmungen des Saarstatuts unvereinbar, daß die Zivilbevölkerung in irgendwelcher Beziehung unter die Gerichtsbarkeit der Bahnschutztruppen gestellt wird. Wie schon oben ausgeführt, ist eine solche Maßnahme sogar im Falle der vereinbarten nichtkriegerischen Besetzung nur beim Vorliegen gewisser Umstände erlaubt. Die Bahnschutztruppen sind aber nicht berechtigt, eine Besetzung auszuüben, wie sich aus dem Beschlusse des Völkerbundrates zweifellos ergibt. Die für gewisse Fälle nötige Unterstellung des Militärs unter die Gerichtsbarkeit des Landes ist um so unbedenklicher durchführbar, als im Obersten Gerichtshof in Saarlouis bereits eine Instanz geschaffen ist, die infolge ihrer Zusammensetzung in keiner Weise als nationales Gericht gewertet, mithin nicht in den Verdacht der Parteilichkeit zugunsten der Bewohner des Saargebiets kommen kann. Auch hinsichtlich der Zivilgerichtsbarkeit ist an der bisherigen Regelung festzuhalten, denn eine Exemtion von der saarländischen Gerichtsbarkeit würde im praktischen Leben zu Unzuträglichkeiten führen und die Erhebung von Zivilklagen gegen Angehörige der Truppen in ungesetzlicher Weise erschweren.

Da der Völkerbundrat bei seinem Beschluß vom 12. März 1927 davon ausging, daß die Schaffung von Bahnschutztruppen für das Saargebiet eine Erleichterung bringe, und auch die Regierungskommission sich in diesem Sinne äußerte, darf die neue Regelung auch in der Frage der Gerichtsbarkeit keine Verschlechterung bringen, zumal der Völkerbund bisher die Gerichtsbarkeit über die Bevölkerung auch in den drei Ausnahmefällen nicht gebilligt hat und einen Entschluß in der Sache selbst erst für den Fall in Aussicht stellte, daß ihm eine einzelne konkrete Begebenheit dazu Anlaß gibt, die Regierungskommission aber in ihrem Bericht vom 12. 1. 1924 mitteilte, daß das Kriegsgericht des Saargebiets im

Laufe des Jahres aufgehoben werde[1]). Diese Aufhebung erfolgte auch tatsächlich.

Auffallend bleibt, daß erst im Juli 1927 die Exterritorialität der durchziehenden Truppen „festgestellt“ wurde, trotzdem der bisherige Zustand seit dem Jahre 1920 besteht. Diese Feststellung scheint mit der Absicht einer gesetzlichen Regelung im Zusammenhang zu stehen und unterblieb wohl bisher, weil man mit einem Protest Deutschlands wegen der Truppentransporte rechnete.

### f) Die Kosten für den Unterhalt der Bahnschutztruppen.

Im Bericht der Regierungskommission vom 18. 2. 1927 heißt es: „Für das Saargebiet dürfen infolge dieser Organisationen, der Unterhaltung einer Eisenbahnkommission und der Bahnschutzkräfte keine finanziellen Leistungen entstehen.“ Dieser Satz ist lediglich die logische Folgerung aus der Erkenntnis, daß der Bahnschutz nur den Bedürfnissen der alliierten Rheinlandarmeen dient, somit die Belastung des Saargebiets mit den Kosten dem Grundsatz der Sicherstellung des Wohles und der Rechte der Bevölkerung widersprochen hätte. Infolgedessen fallen die Kosten für Löhnung, Verpflegung, Bekleidung usw. den Staaten zur Last, die die Truppen stellen. Für die Unterbringung muß das gleiche gelten. Frankreich hat einen Teil dieser Lasten übernommen, indem es ihm gehörende Gebäude der Bergwerksverwaltungen zur Verfügung stellte, zum Teil stellte das Saargebiet die Kasernen zur Verfügung, doch ist hierfür billigerweise eine Entschädigung zu zahlen, da der Bahnschutz in keiner Weise im Interesse des Saargebiets tätig ist.

Wenn nach dem Bericht der Regierungskommission für das Saargebiet finanzielle Lasten nicht entstehen dürfen, gilt das selbstverständlich für den Haushalt des Landes so gut wie für die Kommunen; auch diese sind nicht verpflichtet, unentgeltliche Leistungen an die Bahnschutztruppen zu bewirken, beispielsweise die Lieferung von Wasser, Licht, Badegelegenheit[2]), Benutzung der Straßenbahnen usw.

---

[1]) J. O. 1924, S. 445.

[2]) Mit Recht lehnte die Stadtverwaltung Saarbrücken eine Bevorzugung der englischen Soldaten bei der Benutzung von Badeanstalten ab, billigte ihnen aber dieselben Rechte zu, wie sie früher die Angehörigen der deutschen Garnison besessen hatten.

### 3. Schlußwort.

Die Tätigkeit des Völkerbundes wie der Regierungskommission hat nicht nur in Deutschland, sondern gerade in England, Holland, Schweden und der Schweiz eine auffallend herbe Kritik erfahren. Das Versagen beider Organe lag teilweise im Wesen der ihnen gestellten Aufgaben, teilweise aber auch darin begründet, daß die Anwendung vieler Bestimmungen des Saarstatuts aus machtpolitischen Gründen beiseite geschoben wurde. Hinsichtlich der Verhältnisse bei der Regierungskommission versagen wir uns eine eigene Stellungnahme und geben lediglich die Ausführungen eines ehemaligen Mitgliedes dieser Regierungskommission, des Kanadiers Waugh wieder, an dessen Sachkenntnis und Unvoreingenommenheit wohl keine Zweifel bestehen. Er führte über die Verhältnisse unter der Präsidentschaft Raults folgendes aus[1]:

„Dieser (Rault) war vom Quai d'Orsay instruiert und das ohne Rücksichten auf die Bestimmungen des Versailler Vertrags und die Rechte, die der Vertrag den Einwohnern des Saargebiets zuerkennt. Die wenigsten der Kommissionsmitglieder hatten klare Einsicht in ihre Pflichten gegenüber der Saarbevölkerung und dem Völkerbund. Auch schien der Völkerbund nicht fähig zu sein, den dominierenden Einfluß Frankreichs zu hemmen. Es war mir von Anfang an klar, daß das belgische und dänische Mitglied der Kommission vollständig unter französischem Einfluß standen. Das dänische Mitglied war ganz und gar nur Stempel in den Händen der anderen. Dieses Mitglied verstand offenbar sehr wenig von seinen Pflichten, brachte den größten Teil seiner Zeit in Paris zu und schien sehr wenig Interesse für seine Aufgabe zu haben, nur insofern, sein Gehalt pünktlich zu beziehen. Er, der Franzose und der Belgier hatten stets die Majorität in der Kommission; sie brachten es ständig dahin, daß alle vorkommenden Fragen nach Instruktionen aus Paris erledigt wurden. Der Völkerbundrat nahm seinerzeit mit Erstaunen Kenntnis davon, daß der französische Präsident der Kommission gegen meinen Protest in Paris ein eigenes Sekretariat organisiert hatte, wofür die Kosten von der Saarbevölkerung bestritten werden mußten. Ebenso erfuhr der Völkerbundrat, daß bei diesem Bureau eine heimliche Informationswirksamkeit von und nach Paris bestand; auch wurden hierdurch sämtliche Protokolle von den Ver-

---

[1]) Das — ursprünglich vertrauliche — Schreiben Waughs, aus Winnipeg, den 29. 1. 1925, zirkulierte innerhalb der Regierungskreise in London. Es wurde zuerst in „New York World" sodann im „Svenska Dadbladet" veröffentlicht. Saar-Freund, Jahrg. 1925, S. 103 und Saarbrücker Zeitung vom 21. 3. 1925.

handlungen der Kommission der Regierung in Paris zur Verfügung gestellt. Es ist überflüssig zu erwähnen, daß der Präsident diese heimliche Informationswirksamkeit als eine private Angelegenheit betrachtete, demzufolge alle Akten, die nach Paris gingen und von dort kamen, heimlich gestempelt wurden. . . . . .

Man kann sich vorstellen, wie die Saarbevölkerung dieses Manöver der französischen Regierung betrachten mußte. Unter anderen, besseren Verhältnissen hätte sich die Saarbevölkerung sicherlich den Bestimmungen gefügt. Das Benehmen der Regierungskommission rechtfertigte ganz und gar die zeitweise herrschende Mißstimmung. Ich staunte manchmal über die Geduld der Bevölkerung, besonders während des Grubenarbeiterstreiks. Eins ist gewiß: die englischen Grubenarbeiter hätten sich nie den kränkenden Verordnungen der Regierungskommission unterworfen. Wie ohne Zweifel bekannt, hat die Regierungskommission die Befugnis, die Bestimmungen des Versailler Vertrags auszulegen, was durch einfache Majorität geschieht. Es wäre dies eine passende Verordnung, vorausgesetzt, daß eine anständige Regierung vorhanden wäre — a decent commission. — Wie es aber jetzt geregelt war, war die Lage höchst bedenklich — dangerously exasperating. — Die Auslegungen der Kommissionsmajorität stimmten mit den französischen Instruktionen vollständig überein. Die meisten davon waren ungerechtfertigt." — Waugh hatte die Ursache des Übels durch eigene Erfahrung kennengelernt. Solange in dieser Beziehung keine Wandlung geschaffen ist, wird das Saargebiet immer eine Quelle der Beunruhigung und eine Gefahr für die friedliche Weiterentwicklung werden. Es scheint neuerdings sogar, daß durch das Nachgeben Deutschlands in der Truppenfrage gewisse Hemmungen, die bei der Regierungskommission in den letzten Jahren bestanden haben, in Wegfall gekommen sind, und daß sich ihre Praxis wiederum mehr dem Zustand nähert, wie er in den Jahren 1920—1923 in Erscheinung getreten ist.

Die Schuld daran, daß die Verhältnisse im Saargebiet eine so wenig erfreuliche Wendung genommen haben, trägt aber der Völkerbund. Wenn ein Mann vom Rufe des Schweizer Professor Rappard, Mitglied der Mandatskommission des Völkerbundes, schreibt, daß die Saarverwaltung „eine der anstößigsten Episoden der Politik des Völkerbundrates" sei, von dessen Versagen und einer Schädigung des moralischen Ansehens des Völkerbundrates spricht [1]), läßt sich kaum einwenden, dieses Urteil entspringe einer Animosität

[1]) Rappard, Die Politik der Schweiz im Völkerbund 1920/25. Chur. 1925. S. 42.

gegen den Völkerbund. Bei der Beurteilung seines Wirkens kann natürlich nicht unbeachtet bleiben, daß dem Völkerbund eine denkbar schwierige Aufgabe gestellt worden war. Denn die Regelung, wie sie der Versailler Vertrag vorsah, nahm einem hochkultivierten Volksteil das Recht, über sich selbst zu bestimmen, und sich selbst zu regieren, sie unterstellte es einem Regierungssystem, das von all' den Staaten peinlich empfunden werden müßte, die mit so viel Stolz auf ihre demokratischen Verfassungen hinweisen. Ferner wurde der Völkerbund an Bestimmungen gebunden, die für eine wirklich unbeeinflußte Stimmenabgabe bedenklich erschienen, wenn auch der Fall nicht so kraß lag wie bei Eupen-Malmedy, wo nicht einmal das Recht einer geheimen Stimmabgabe gesichert war. Weil der Völkerbund zum Hüter des Versailler Vertrags ernannt worden ist, fällt auf ihn, der dessen Durchführung auf gewissen Gebieten übernommen hat, die Kritik, die den Bestimmungen des Vertrags gilt. Den Neutralen im Völkerbund war dieser Umstand nicht entgangen [1]). Es darf als eine verdienstliche Tat angesprochen werden, daß eine Persönlichkeit von dem Ansehen und dem politischen Weitblick des schweizerischen Bundespräsidenten Motta den Völkerbund in vorsichtiger und abgeklärter Form auf diese Gefahr aufmerksam machte und an das nobile officium mahnte, das sich aus dieser Sachlage ergab. Er führte in der ersten Vollversammlung des Völkerbundes aus, daß die Bestimmungen der Friedensverträge weder Rechte noch Pflichten für die Länder mit sich bringen, die sie nicht unterzeichnet haben. Man könne die Verträge aber nicht ignorieren, zumal der Völkerbund zur Überwachung und Ausführung einzelner Bestimmungen beauftragt sei. „Das schafft für die Staaten, die die Verträge nicht unterzeichnet haben, eine besonders heikle Situation; die Versammlung wird mir die Feststellung erlauben, daß die Anwendung dieser Vertragsbestimmungen, die dem Völkerbund anvertraut sind, im Geiste hoher Unparteilichkeit, Ernst und Gerechtigkeit erfolgen müssen, welches der Geist des Völkerbundes ist. Dies ist unbedingt nötig. Ich bin überzeugt, mich in vollständiger Übereinstimmung mit der Ansicht aller Delegationen zu befinden. Diese Meinung muß um so mehr zum Ausdruck gebracht werden, als die Bestimmungen des Friedensvertrages, die durch den Völkerbund ausgeführt werden müssen, Ländern gegenüber zur Anwendung kommen, die noch nicht im Völkerbund eingetreten sind, und denen gegenüber die Autorität des letzteren um so größer sein wird, als seine Handlungen unparteiisch sein werden."

---

[1]) Rappard a. a. O., S. 32.

Der Völkerbund mußte allerdings aber durch die Verwaltung des Saargebiets erst noch beweisen, daß er seine Aufgabe unparteiisch durchzuführen imstande war. Es ist ihm nicht gelungen und konnte ihm nicht gelingen, solange politische Gesichtspunkte im Rate ausschlaggebend waren und das Recht in einer Weise beiseite geschoben wurde, wie es in der Truppenfrage geschehen ist. Die Aufgabe des Völkerbundes, als Treuhänder die Verwaltung eines Teiles des Deutschen Reiches zu führen, für dessen Bewohner zu sorgen, und die Grundlage für eine unbeeinflußte Volksabstimmung zu schaffen, hätte bei einigermaßen unparteiischer Führung das Ansehen des Völkerbundes ungeheuer steigern können. Es wurde aber leider sein Verhalten Ursache berechtigten Mißtrauens und abfälliger Kritik, und zwar gerade deshalb, weil die zugrundeliegende Idee, eine freie Abstimmung zu ermöglichen, nicht gebührlich Beachtung fand. Bei der Übernahme der Saarverwaltung durch den Völkerbundrat hat diese Bestimmung des Versailler Vertrags nicht mit einem einzigen Wort Erwähnung gefunden, weder im Bericht von Caclamanos, noch in den Instruktionen an die Regierungskommission, noch in dem Aufruf, den die Regierungskommission an die Bevölkerung des Saargebiets richtete.

So wirkt die ganze Regelung der Saarfrage, die auf Betrug und Täuschung aufgebaut ist, unbefriedigend und bedeutet eine schwere Gefahr für die friedliche Weiterentwicklung der Welt. Obgleich schon bei der ersten Wahl im Saargebiet klar zutage trat, daß die Bevölkerung deutsch ist und die verflossenen 8 Jahre keinen Zweifel darüber aufkommen lassen, daß sie an ihrem Deutschtum festhalten wird, obschon fernerhin der französische Minister für öffentliche Arbeiten bereits Anfangs 1925 in der Kammer erklärte, daß infolge der Wiederinstandsetzung der französischen Gruben in der ehemaligen Kampfzone die Vorkriegsförderung bereits überschritten ist und seit Ende 1927 die französische Bergwerksdirektion im Saargebiet gezwungen ist, Feierschichten einzulegen, weil sie nicht genügend Abnehmer für die Saarkohle findet, hat es bisher an Mut gefehlt, hieraus die nötigen Konsequenzen zu ziehen und das Saarunternehmen als aussichtslos zu liquidieren. So bleibt der Völkerbund weiterhin mit einer Aufgabe belastet, die mit seinem hohen Zweck, die Zusammenarbeit unter den Nationen zu fördern und den internationalen Frieden zu gewährleisten, unter den geschilderten Verhältnissen vollständig unvereinbar ist.

# Anlagen.

Nr. 1.

Abschrift.

**Auswärtiges Amt.** Berlin, den 6. Dezember 1922.

Herr Generalsekretär!

Die Regierungskommission des Saargebiets hat dem Völkerbund in einem Schreiben vom 22. September ihre Bemerkungen zu dem Schreiben der Deutschen Regierung vom 18. August über die Anwesenheit französischer Truppen im Saargebiet mitgeteilt.

Das Schreiben der Regierungskommission geht gerade auf die nach Ansicht der Deutschen Regierung entscheidenden Gesichtspunkte nicht ein, nämlich auf den Charakter des Saargebiets als eines Abstimmungsgebiets und die Selbständigkeit der Verwaltung des Saargebiets.

Erneut betont die Deutsche Regierung, daß es mit der Idee und dem Zweck einer Volksabstimmung in keiner Weise vereinbar ist, wenn in dem Abstimmungsgebiet Truppen einer der Mächte, die im Wettbewerb um den endgültigen Besitz des Landes stehen, mit der Aufrechterhaltung der Ordnung betraut werden.

Der Grundsatz der Selbständigkeit der Verwaltung des Saargebiets gilt für die Aufrechterhaltung der Ordnung und für den Schutz von Personen und Eigentum nicht weniger wie für alle anderen Zweige der Verwaltung, ja sogar in erhöhtem Maße, denn nach § 30, Absatz 3 der Anlage zu den Artikeln 45—50 des Vertrags von Versailles ist es „Sache der Regierungskommission" für den Schutz von Personen und Eigentum zu sorgen. Solange eine so wichtige Verwaltungsaufgabe wie der Schutz von Personen und Eigentum nicht ausschließlich in den Händen der Regierungskommission ruht, fehlt ein Eckstein in dem Verwaltungsgebäude, das nach dem Willen des Versailler Vertrags im Saargebiet errichtet werden soll. Wenn also die Regierungskommission bemerkt, daß Frankreich beträchtliche Ausgaben für den Unterhalt seiner Truppen auf sich nimmt, um die ihm gehörigen Kohlengruben zu schützen, so wird gerade hiermit die Vertragswidrigkeit dieser Zustände gekennzeichnet. Frankreich hat zwar das Recht, die Kohlengruben auszubeuten, es ist aber nicht seine Sache, diese Gruben zu schützen.

Die Selbständigkeit der Verwaltung des Saargebiets als einen Hauptgrundsatz des Vertrags hat die Regierungskommission wiederholt selbst hervorgehoben. Im Jahre 1920 begründete sie ihre Forderung auf Zurückziehung von zwei kleinen Kommissionen, die deutscherseits im Zusammenhang mit der Übergabe der Kohlengruben an Frankreich in Saarbrücken eingesetzt worden waren, damit, daß die Anwesenheit von Beamten im Saargebiet, die der Deutschen oder der Preußischen Regierung unterständen, mit dem Vertrag von Versailles unvereinbar sei. Mit derselben Begründung hat sie im Jahre 1921 darauf gedrungen, daß die mit der Fürsorge für die Kriegsbeschädigten im Saargebiet betrauten Behörden ausschließlich ihr unterstellt würden.

Die vorstehenden Erwägungen haben nach Ansicht der Deutschen Regierung so grundsätzliche Bedeutung, daß ihnen gegenüber die Ausführungen der Regierungskommission in zweite Linie treten. Aber auch diese Ausführungen erscheinen nicht geeignet, den Antrag der Regierungskommission zu rechtfertigen.

In rechtlicher Beziehung ist die Regierungskommission der Ansicht, daß der Absatz 3 des § 30 es ihrem Ermessen überlasse, mit welchen Mitteln sie für den Schutz von Personen und Eigentum sorgen wolle, da er sich über diese Mittel nicht ausspreche. Die Deutsche Regierung ist entgegengesetzter Auffassung. Da der Schutz von Personen und Eigentum nur einen Teil der Aufrechterhaltung der Ordnung bildet und der Absatz 2 des § 30 den allgemeinen Grundsatz aufstellt, daß die Ordnung im Saargebiet nur durch eine örtliche Gendarmerie aufrecht erhalten werden soll, bedurfte es in dem folgenden Absatz keiner Bestimmung darüber mehr, mit welchen Mitteln im Saargebiet Personen und Eigentum zu schützen sind. In dieser Beziehung ist ein Vergleich des § 30 mit § 21 nicht ohne Interesse. Während nach § 21 die Regierungskommission für den Schutz der Auslandsinteressen der Bewohner des Saargebiets „mit den Mitteln und unter den Bedingungen, die ihr angemessen erscheinen“ sorgen soll, fehlt es in Absatz 3 des § 30 an einem gleichartigen Zusatz. Es ist dies nur die einfache Folge des Zusammenhanges dieser Bestimmung mit dem allgemeinen Grundsatz des unmittelbar vorausgehenden Absatzes 2.

Die Regierungskommission glaubt eine Bestätigung ihres Standpunktes darin finden zu können, daß sie nach § 33 zur Auslegung der vorangehenden Bestimmungen befugt ist. Gegen eine derartige Beweisführung muß die Deutsche Regierung Verwahrung einlegen. Aus der Befugnis, gewisse Bestimmungen auszulegen, kann niemals das Recht hergeleitet werden, mit einer Bestimmung in einer Weise zu verfahren, die ihrem klaren Wortlaut widerspricht.

Die Regierungskommission wirft ferner die Frage auf, ob sie nicht durch Einrichtung einer genügend starken Gendarmerie entgegen dem Vertrag einen freiwilligen Militärdienst schaffen würde. Diese Bemerkung erscheint schwer verständlich. Sie schließt geradezu die Behauptung in sich, daß der Vertrag verletzt würde, indem er erfüllt wird. Der hierin liegende Irrtum beruht auf der unzulässigen Gleichstellung von zwei grundverschiedenen Dingen, des Militärdienstes und des Gendarmeriedienstes.

Für die Erwägungen praktischer Natur, wie sie die Regierungskommission anstellt, war nur vor der Unterzeichnung des Vertrags Raum. Nachdem der Vertrag in Kraft ist und seine Verfasser, wie angenommen werden muß, in voller Kenntnis der Verhältnisse die Bestimmung aufgenommen haben, daß die Ordnung im Saargebiet nur durch eine örtliche Gendarmerie aufrechterhalten werden soll, ist es nicht angängig, eine so grundlegende Bestimmung unter Anführung praktischer Bedenken unausgeführt zu lassen.

Es mag zutreffen, daß die Aufrechterhaltung der Ordnung im Saarbecken mit Rücksicht auf die besonderen Verhältnisse des Landes gewissen Schwierigkeiten begegnet. Aber auch die Deutsche Regierung muß in einigen Gebietsteilen mit ähnlichen wirtschaftlichen und sozialen Verhältnissen die Ordnung aufrecht erhalten und zwar unter erschwerenden Bedingungen, wie z. B. innerhalb der 50 km-Zone östlich des Rheines, in die der wichtigste Teil des bedeutendsten Kohlen- und Industriegebiets Deutschlands fällt, wo keinerlei Truppen unterhalten werden dürfen. Wenn es der Deutschen Regierung möglich sein muß, die Ordnung in diesen Gegenden ohne Truppen aufrecht zu erhalten, so besteht kein Grund, die Regierungskommission von der Durchführung einer ähnlichen Bestimmung für das Saargebiet zu befreien.

Die Regierungskommission erklärt ferner die Anwerbung eines genügenden Gendarmeriepersonals aus der ortsansässigen Bevölkerung für praktisch unmöglich und setzt Zweifel in die Verläßlichkeit einer aus Landesbewohnern zusammengesetzten Gendarmerie. Wenn dies zutreffend wäre, so könnte kein Staat von der Größe des Saargebiets eine verläßliche einheimische Gendarmerie besitzen. Übrigens ist selbst die interalliierte Rheinlandkommission offenbar anderer Auffassung, da sie von der Deutschen Regierung in zunehmendem Maße verlangt, in den besetzten rheinischen Gebieten das Gendarmeriepersonal aus der ortsansässigen Bevölkerung zu entnehmen.

Weder die rechtlichen noch die praktischen Ausführungen des Schreibens der Regierungskommission können die Tatsache beseitigen, daß die Anwesenheit französischer Truppen im Saargebiet im Widerspruch steht sowohl mit einer ausdrücklichen, klaren Bestimmung des Versailler Vertrags wie auch insbesondere mit den Grundgedanken, auf denen die Gesamtheit der Bestimmungen über das Saargebiet beruht. Die Regierungskommission erklärt, sie werde die Ausgestaltung der örtlichen Gendarmerie entsprechend ihren budgetären Mitteln und je nach Bedarf fortsetzen. Ähnliche Erklärungen hat sie bereits vor längerer Zeit abgegeben. Die Einrichtung der örtlichen Gendarmerie ist im Juni 1920 begonnen worden. Ihre Zahl beträgt jetzt nach den Angaben der Regierungskommission 155 Mann. Wenn etwa ihre Entwicklung mit demselben Zeitaufwand wie bisher weitergeführt werden sollte, könnte sie erst in rund 60 Jahren vollendet sein, so daß der glatte und unbeeinflußte Verlauf der Volksabstimmung im Jahre 1935 wesentlich von dem Wohlverhalten der französischen Truppen abhängen würde. Damit aber würde die im Vertrag von Versailles niedergelegte Regelung für das Saargebiet ein völlig anderes Gepräge erhalten und würden die Richtlinien verletzt werden, die der Rat des Völkerbundes am 13. Februar 1920 und am 20. Juni 1921 der Regierungskommission gegeben hat, Richtlinien, denen zufolge die Unterhaltung einer fremden Garnison im Saargebiet keine dauernde Einrichtung der Verwaltung dieses Gebietes bilden, sondern im Gegenteil fortfallen soll, sobald die Entwicklung der örtlichen Gendarmerie es ermöglicht.

Aus diesen Gründen muß die Deutsche Regierung erneut erklären, daß ihr, nachdem der Vertrag von Versailles schon fast 3 Jahre in Kraft ist, die Ersetzung der französischen Truppen im Saargebiet durch die vertraglich allein zulässige Gendarmerie als eine der dringlichsten Aufgaben erscheint, die die Durchführung des Vertrags im Saarbecken erfordert. Sie wiederholt daher gegenüber dem Völkerbund ihre Bitte, Maßnahmen zur beschleunigten Zurückziehung der französischen Truppen aus dem Saargebiet treffen zu wollen.

Genehmigen Sie, Herr Generalsekretär, die Versicherung meiner ausgezeichneten Hochachtung

gez. von Rosenberg.

An
den Herrn Generalsekretär des Völkerbundes,
den Ehrenwerten Sir James Eric Drummond,
K. C. M. G., C. B.,
Genf

Nr. 2.

Abschrift.

**Auswärtiges Amt.** B e r l i n , den 22. August 1924.

H e r r G e n e r a l s e k r e t ä r !

Die Regierungskommission des Saargebiets hat dem Völkerbund in einem Schreiben vom 16. Juli ihre Stellungnahme zu dem Schreiben der Deutschen Regierung vom 30. Mai über die Entwicklung der örtlichen Gendarmerie und die Anwesenheit französischer Truppen im Saargebiet mitgeteilt. Dieses Schreiben gibt der Deutschen Regierung zu folgenden Bemerkungen Anlaß:

Die Regierungskommission nimmt im allgemeinen Bezug auf die Ausführungen, die sie am 22. September 1922 gemacht hat. Die Deutsche Regierung hat diese Ausführungen am 6. Dezember 1922 eingehend beantwortet und kann sich daher im allgemeinen auf eine Verweisung auf diese Antwort beschränken.

Wie schon am 22. September 1922 macht die Regierungskommission in ihrem Schreiben vom 16. Juli 1924 auf die verschiedenen praktischen Schwierigkeiten aufmerksam, die sich im Saargebiet der Errichtung einer ausreichenden örtlichen Gendarmerie entgegenstellen. Die Deutsche Regierung muß demgegenüber erneut betonen, daß für Erwägungen solcher Art nur vor der Unterzeichnung des Vertrags Raum war. Nachdem der Vertrag in Kraft gesetzt ist, kann die Entscheidung der vorliegenden Frage auf keiner anderen Grundlage erfolgen als der Tatsache, daß nach einer klaren ausdrücklichen Bestimmung des Vertrags das einzige Mittel für die Aufrechterhaltung der Ordnung im Saargebiet eine örtliche Gendarmerie sein soll. Es ist nicht angängig, eine so grundlegende Bestimmung unter Anführung praktischer Bedenken unausgeführt zu lassen.

Im übrigen kann die Deutsche Regierung auch den geäußerten praktischen Bedenken nicht dieselbe Bedeutung beimessen wie die Regierungskommission. Sie hat dies bereits am 6. Dezember 1922 ausgeführt. Ergänzend erlaubt sie sich folgende Bemerkungen zu machen, die für den Völkerbund von Interesse sein dürften:

Wenn die örtliche Gendarmerie des Saargebiets, für die die Regierungskommission 3—4000 Mann für erforderlich hält, nach der heutigen Normalstärke der preußischen Landjägerei bemessen würde, würden auf das Saargebiet entfallen 11 Landjägermeister,

104 Oberlandjäger, 20 Landjäger, zusammen 135 Mann, die eine Jahresausgabe von 338 834 Goldmark verursachen würden. Selbst wenn man hierzu noch die Polizeikräfte hinzurechnet, ergibt sich ein starker Unterschied.

Über die Ausgaben von 500 Einheiten der örtlichen Gendarmerie hat die Regierungskommission in einem Schreiben an den Völkerbund vom 15. Februar 1924 eingehende Angaben gemacht. Die Deutsche Regierung erlaubt sich, dem Völkerbund in der Anlage eine vergleichende Übersicht zwischen dem Etat der Gendarmerie des Saargebiets und dem preußischen Etat der Landjägerei zu übersenden. Obwohl derartige Vergleiche nur unter gewissen Vorbehalten angestellt werden können, geht aus den Zahlen doch hervor, daß die Ausgaben für 500 Einheiten bei der preußischen Landjägerei mit Ausnahme der Personalausgaben nicht unbeträchtlich geringer sind als bei der örtlichen Gendarmerie des Saargebiets.

Am Schluß ihres Schreibens bemerkt die Regierungskommission, die Anwesenheit von Garnisontruppen im Saargebiet stünde nicht im Widerspruch mit dem Vertrag von Versailles, was auch der Rat des Völkerbundes ausdrücklich anerkannt habe. Die Deutsche Regierung hat dieser Behauptung oft genug widersprochen. Indem der Vertrag bestimmt, daß zur Aufrechterhaltung der Ordnung „nur" eine örtliche Gendarmerie errichtet werden soll, und daß für den Schutz von Personen und Eigentum nur die Regierungskommission, nicht aber andere Faktoren sorgen sollen, schließt er die Anwesenheit fremder Truppen mit einer Bestimmtheit aus, die einen Zweifel schlechterdings nicht zuläßt. Insbesondere verstößt die Anwesenheit französischer Truppen gegen den Vertrag, da Frankreich zu den an dem Ergebnis der Abstimmung im Saargebiet interessierten Mächten gehört. Der Rat des Völkerbundes hat auch niemals die Vertragsmäßigkeit der Anwesenheit von Garnisontruppen anerkannt, sondern im Gegenteil dadurch, daß er diese Anwesenheit schon am 13. Februar 1920 als nur vorübergehend bezeichnete, zu erkennen gegeben, daß auch nach seiner Ansicht dieser Zustand vertragswidrig ist.

Die Deutsche Regierung kann hiernach nur ihren Antrag erneuern, der Regierungskommission einen Termin in naher Zukunft zu bestimmen, bis zu dem die endgültige Errichtung der örtlichen Gendarmerie und die Zurückziehung der französischen Truppen erfolgt sein muß. Dieser Antrag stützt sich in erster Linie auf den klaren Wortlaut des Vertrages, dessen Ausführung nur zu lange verzögert worden ist. Er stützt sich aber auch auf eine fast fünfjährige Erfahrung. Trotz aller Beschlüsse des Rates des Völkerbundes ruht heute noch die Frage, wann endlich die französischen Truppen das Saargebiet verlassen werden, völlig im Dunkeln. Es ist unerläßlich, dieser Ungewißheit ein Ende zu bereiten, um dem Vertrag zur Anerkennung zu verhelfen.

Die Deutsche Regierung benutzt die Gelegenheit, die Aufmerksamkeit des Völkerbundes noch auf folgendes zu lenken. Im Jahre 1922 war der Deutschen Regierung mitgeteilt worden, daß in Saarlouis eine technische Abteilung der Artillerie der französischen Besatzungstruppen im Rheinland untergebracht sei. Da diese Tatsache natürlich unvereinbar wäre mit dem Vertrag von Versailles, hat die Deutsche Regierung die Regierungskommission am 29. August 1922 um Aufklärung gebeten. Eine Antwort ist ihr bisher, nach Ablauf von 2 Jahren, nicht zugegangen. Sie wäre dem Völkerbund dankbar, wenn er auch diesen Punkt aufklären wollte.

Genehmigen Sie, Herr Generalsekretär, die Versicherung meiner ausgezeichneten Hochachtung

gez. von Maltzan.

An
den Herrn Generalsekretär des Völkerbundes,
den Ehrenwerten Sir James Eric Drummond,
K. C. M. G., C. B.,
Genf

Anlage

**Vergleichende Übersicht zwischen dem Etat der Gendarmerie des Saargebiets und dem preußischen Etat der Landjägerei.**

| **Etat der Gendarmerie des Saargebiets.** | Franken | **Preußischer Etat der Landjägerei.** | Goldmark |
|---|---|---|---|
| A) Personalausgaben für 500 Einheiten | 3 522 720 | Für 500 Einheiten .. | 1 331 000 |
| B) Bekleidung und Ausrüstung (für 500 Einheiten) ....... | 825 000 | Für 500 Einheiten | 161 530 |
| C) Kauf und Unterhalt von 50 Pferden | 502 500 | Für 50 Pferde........ | 157 500 |
| D) Einrichtung der Büros und Wohnungen für das Personal | 3 250 000 | ..................... | 642 400 |
| E) Bürounkosten pp. | 155 000 | ..................... | 9 900 |
| zusammen | 8 255 220 | zusammen | 2 302 330 |

Nr. 3.

Abschrift

**Auswärtiges Amt.** Berlin, den 13. September 1924.

Herr Generalsekretär!

Mit dem Schreiben vom 31. August hat die Regierungskommission des Saargebiets auf das Schreiben der Deutschen Regierung vom 22. August über die französischen Truppen und die örtliche Gendarmerie im Saargebiet erwidert, daß sie im allgemeinen ihren früheren Bemerkungen nichts hinzuzufügen habe. Nur bezüglich des französischen Reparaturparks für Handfeuerwaffen in Saarlouis erklärt die Regierungskommission, daß diese zur französischen Besatzungsarmee der Rheinlande gehörige Abteilung in der Tat in Saarlouis bestehe und daß die Regierungskommission bereit sei, ihre Zurückziehung aus dem Saargebiet zu veranlassen, wenn die Deutsche Regierung es beantrage.

Diesen Antrag stellt die Deutsche Regierung hiermit. Wenn die Regierungskommission darauf hinweist, daß bei Zurückziehung der Abteilung 250—300 Personen arbeitslos werden würden und unter den gegenwärtigen Umständen nur schwer eine andere Beschäftigung finden könnten, so ist hierfür die Regierungskommission selbst verantwortlich, da sie die dem Vertrag von Versailles widersprechende Anwesenheit der Abteilung in Saarlouis fast 5 Jahre lang geduldet und die Anfrage der Deutschen Regierung vom 29. August 1922 zwei Jahre lang ohne Antwort gelassen hat.

Genehmigen Sie, Herr Generalsekretär, die Versicherung meiner ausgezeichneten Hochachtung

gez. von Maltzan.

An
den Herrn Generalsekretär des Völkerbundes,
den Ehrenwerten Sir James Eric Drummond,
K. C. M. G., C. B.,
Genf

Nr. 4.

Abschrift.

Bericht
Regierungskommission
des Saargebietes
Generalsekretariat G. B.
Büro: Schloßplatz 15
— Telephon 707 —
S. G. Nr. 3939/27

Saarbrücken, 25. Juni 1927.

Der Generalsekretär der Regierungskommission des Saargebietes an den Herrn Direktor des Innern und des Kabinetts
Saarbrücken

Mit Schreiben vom 13. Juni 1927 haben Sie, zwecks Vorlage an die Regierungskommission, einen Bericht über die Frage der Exterritorialität der zur Bildung des Bahnschutzes im Saargebiet bestimmten Truppen übersandt.

Ich beehre mich Ihnen mitzuteilen, daß die Regierungskommission in ihrer Sitzung vom 22. Juni 1927 diese Angelegenheit geprüft hat (Nr. 12 der Tagesordnung).

Die Regierungskommission hat die Zuerkennung des Sonderrechts der Exterritorialität mit allen im Völkerrecht vorgesehenen Konsequenzen für die Truppen des im Saargebiet eingerichteten Bahnschutzes beschlossen.

Ich wäre Ihnen für Anordnung der im Bereiche der Abteilung des Innern zur Ausführung dieser Entscheidung erforderlichen Maßnahmen sehr verbunden. Die Regierungskommission hat ferner beschlossen, die Spezialkommission zur Vorlage präziser Vorschläge, hinsichtlich der Verordnung vom 28. Juni 1921, betr. die französischen Kriegsgerichte und der Verordnung vom 7. Juli 1921 betr. die französische Gendarmerie, aufzufordern.

gez. Pierrotet

Nr. 5.

Abschrift Saarbrücken, den 4. Juli 1927.
Regierungskommission
des Saargebietes
Abteilung des Innern
J. C. X L II 12/27 H.

Die Regierungskommission hat in ihrer Sitzung vom 22. Juni 1927 festgestellt, daß die Truppen des für das Saargebiet eingerichteten Bahnschutzes die Sonderstellung der Exterritorialität mit allen hieraus sich völkerrechtlich ergebenden Vorzügen genießen.

Es wird ersucht, den nachgeordneten Dienststellen hiervon Kenntnis zu geben.

Der Präsident der Regierungskommission:
I. V. gez. Dr. Vezensky
Für die Abschrift:
Der Direktor des Innern und des Kabinetts.
gez. Heimburger

An sämtliche Landräte, Polizeidirektor in Saarbrücken, Oberlandjägerrat und Abteilung Polizeiwesen.

Nr. 6.

Regierungskommission Saarbrücken, den 13. Juli 1927.
des Saargebietes
Abtlg. des Innern
Tagb.-Nr. 8637

Die Regierungskommission hat in ihrer Sitzung vom 6. Juli 1927 festgestellt, daß auf dem Durchzug durch das Saargebiet befindliche Militärpersonen der alliierten Truppen, in Detachements oder einzeln, Offiziere oder Mannschaften, die Sonderstellung der Exterritorialität mit allen hieraus völkerrechtlich sich ergebenden Folgerungen genießen.

Ich ersuche, den nachgeordneten Stellen hiervon Kenntnis zu geben.

Der Präsident der Regierungskommission:
gez. E. C. Wilton
Für richtige Abschrift:
Der Direktor des Innern und des Kabinetts
gez. Heimburger.

Nr. 7.

Regierungskommission des Saargebietes Direktor des Innern. Abteilung Polizeiwesen Tgb.-Nr. 1544 P.

Saarbrücken, den 15. Juli 1927.

Die Regierungskommission hat in ihrer Sitzung vom 8. Juli 1927 beschlossen, sämtlichen Landjägern die Pflicht des militärischen Grußes gegenüber allen Offizieren jeglichen Grades, der belgischen, britischen und französischen Truppen aufzuerlegen.

Ich ersuche um sofortige Bekanntgabe an die Beamten.

Der Direktor des Innern
gez. Heimburger.

Die Verfügung hat folgenden Nachsatz:

Die Verpflichtung wird auf sämtliche uniformierten Polizeibeamten ausgedehnt. Die Ortspolizeibehörden sind entsprechend anzuweisen.

Der Direktor des Innern
gez. Heimburger.

FSC
www.fsc.org
MIX
Papier | Fördert gute Waldnutzung
FSC® C083411

Kolibri 360 GmbH
Ferdinand-Jühlke-Straße 7
99095 Erfurt, Deutschland
produktsicherheit@kolibri360.de